生物工程下游技术之分离与纯化

陶永清◎著

中国水利水电出版社
www.waterpub.com.cn
·北京·

内 容 提 要

分离纯化是生物技术产业的瓶颈。下游加工过程的费用占全部产品研发费用的50%以上;在成本构成中,分离与纯化部分占产品成本的比例很高。开发新的分离和纯化工艺是降低成本、提高经济效益的重要途径。本书主要阐述了各种分离纯化技术的基本原理、预处理技术、萃取技术等。

全书结构合理,条理清晰,内容丰富新颖,具有较强的可读性,可供相关行业技术人员参考使用。

图书在版编目(CIP)数据

生物工程下游技术之分离与纯化/陶永清著.—北京:中国水利水电出版社,2019.6 (2023.12 重印)

ISBN 978-7-5170-7635-3

Ⅰ.①生… Ⅱ.①陶… Ⅲ.①生物工程—分离②生物工程—提纯 Ⅳ.①Q81

中国版本图书馆 CIP 数据核字(2019)第 079698 号

书　　名	生物工程下游技术之分离与纯化 SHENGWU GONGCHENG XIAYOU JISHU ZHI FENLI YU CHUNHUA
作　　者	陶永清 著
出版发行	中国水利水电出版社 (北京市海淀区玉渊潭南路 1 号 D 座 100038) 网址:www.waterpub.com.cn E-mail:zhiboshangshu@163.com 电话:(010)62572966-2205/2266/2201 (营销中心)
经　　售	北京科水图书销售有限公司 电话:(010)68545874、63202643 全国各地新华书店和相关出版物销售网点
排　　版	北京智博尚书文化传媒有限公司
印　　刷	三河市龙大印装有限公司
规　　格	170mm×240mm 16 开本 12 印张 215 千字
版　　次	2019 年 6 月第 1 版 2023 年12月第 2 次印刷
定　　价	58.00 元

前　言

现代生物技术是新技术革命的重要力量，正逐步实现产业化，且已渗透到各个行业，其产品的主要成分——生物物质对人类生活的应用日益突出，应用也越来越广泛。生物物质的生产包括上游工程和下游工程。下游工程是生物物质的分离纯化过程，其中涉及的技术统称为生物分离与纯化技术。

生物分离与纯化是一门既古老又年轻的学科，是食品、生物工业下游技术的核心组成部分，其涉及的相关技术是生物类相关产业中使用最普遍的技术，也是从事生物制品生产和加工必须掌握的基本技术。

本书主要内容以社会需求为导向，以生物物质的基本制备过程为主线，阐述了预处理技术，萃取技术，固相析出分离技术，吸附分离与离子交换分离技术，色谱分离技术，过滤与膜分离技术，浓缩、结晶与干燥技术等分离纯化技术的基本原理，在结合生产实践的基础上介绍了生物技术的应用以及相关设备的使用，并介绍了有关的新知识、新技术、新方法和新工艺。

本书在撰写过程中，参考了大量有价值的文献与资料，吸取了许多人的宝贵经验，在此向这些文献的作者表示敬意。此外，本书的撰写还得到了出版社领导和编辑的鼎力支持和帮助，同时也得到了学校领导的支持和鼓励，在此一并表示感谢。由于作者自身水平及时间有限，书中难免有错误和疏漏之处，敬请广大读者和专家给予批评指正。

作　者

2019 年 2 月

目　　录

前言

第1章　引言 ………………………………………………………… 1

1.1　生物分离与纯化技术概述 ………………………………… 1
1.2　生物分离与纯化技术的发展史 …………………………… 1
1.3　生物分离与纯化的一般工艺流程 ………………………… 2
1.4　生物分离与纯化技术的发展趋势 ………………………… 4

第2章　预处理技术 ………………………………………………… 6

2.1　凝聚和絮凝技术 …………………………………………… 6
2.2　细胞破碎技术 ……………………………………………… 9
2.3　离心技术 …………………………………………………… 20

第3章　萃取技术 …………………………………………………… 27

3.1　概述 ………………………………………………………… 27
3.2　溶剂萃取技术 ……………………………………………… 27
3.3　双水相萃取技术 …………………………………………… 35
3.4　超临界流体萃取技术 ……………………………………… 41
3.5　反胶团萃取技术 …………………………………………… 50
3.6　固体浸取技术 ……………………………………………… 53

第4章　固相析出分离技术 ………………………………………… 58

4.1　盐析法 ……………………………………………………… 58
4.2　有机溶剂沉淀法 …………………………………………… 66
4.3　等电点沉淀法 ……………………………………………… 70
4.4　其他沉淀法 ………………………………………………… 72

第5章　吸附分离与离子交换分离技术 …………………………… 76

5.1　吸附分离技术 ……………………………………………… 76
5.2　离子交换分离技术 ………………………………………… 82

第 6 章　色谱分离技术 …… 96

6.1　概述 …… 96
6.2　吸附色谱法 …… 103
6.3　离子交换色谱法 …… 118
6.4　凝胶色谱法 …… 123
6.5　亲和色谱法 …… 131
6.6　高效液相色谱法 …… 136

第 7 章　过滤与膜分离技术 …… 143

7.1　过滤技术 …… 143
7.2　膜与膜组件 …… 148
7.3　微滤技术 …… 155
7.4　超滤技术 …… 158
7.5　反渗透技术 …… 160
7.6　透析技术 …… 163

第 8 章　浓缩、结晶与干燥技术 …… 167

8.1　浓缩 …… 167
8.2　结晶 …… 171
8.3　干燥 …… 178

参考文献 …… 185

第1章　引　　言

1.1　生物分离与纯化技术概述

生物分离与纯化技术是指从含有目的产物的发酵液、酶反应液或动植物细胞培养液中提取、精制并加工成高纯度的、符合规定要求的各种产品的生产技术,又称为生物下游加工技术。

生物分离与纯化是生物工程产品生产中的基本技术环节。生物产品的自身特征、生产过程的条件限制以及生物产品的特殊性对产品纯度及杂质含量提出了很高的要求,探索高效的生物分离和纯化技术成为生物工程技术领域的一个重要研究方向。

生物分离与纯化技术是现代生物技术产业下游工艺过程的核心,是决定产品的安全、效力、收率和成本的技术基础。分离与纯化过程所产生的成本约占整个生产成本的70%,而对于纯度更高的生物产品,其分离与纯化的成本更高达生产成本的85%左右。

1.2　生物分离与纯化技术的发展史

生物物质的分离纯化是随着化学分离与纯化工程技术的发展而发展起来的,大体上来讲,它主要经历了三个主要发展时期。

1. 原始分离纯化时期

从19世纪60年代开始,传统发酵技术进入了近代发酵工业产业化阶段。到20世纪上半叶,还逐步开发了用发酵法生产乙醇、丙酮、丁醇等产品的技术。这些产品大多属于厌氧发酵过程的产物,化学结构比较简单,主要采用压滤、蒸馏或精馏等设备分离。

2. 传统化学工业分离纯化方法在生物产品生产中的推广使用时期

第二次世界大战以后,抗生素、氨基酸、有机酸等一大批用发酵技术制造的产品进入了工业化生产阶段。这些产品类型多,分子结构较为复杂,不但有初级代谢产物,也出现了次级代谢产物,产品的多样性对分离纯化方法的多样性提出了更高的要求。很多用于传统化学工业的分离纯化方法在生物产品的生产中得到推广使用。

3. 分离纯化技术的快速发展时期

自20世纪70年代中期以来,由于基因工程、酶工程、细胞工程、发酵工程及生化工程的迅速发展,国际上也注意到了发展下游加工过程对现代生物技术及其产业化的重要性,许多发达国家的生产企业纷纷加强研究力量,增加投入,组建专门研究机构,不断推出一代又一代的新产品,使得分离纯化技术得到迅速发展。

目前一些分离纯化技术如回收技术、细胞破碎技术、初步纯化技术、高度纯化技术、干燥与结晶技术等已达到工业应用水平。这些分离纯化技术和设备研究开发的成功,使现代生物技术的发展取得重大突破,胰岛素、乙肝疫苗和促红细胞生长素等一批基因工程和细胞工程产品陆续进入了工业化生产阶段,一些传统发酵产品的经济效益也得到了显著提高。

1.3 生物分离与纯化的一般工艺流程

由于生物原料明显带有生物物质的特征,因此分离与纯化工艺不能简单地应用化工单元操作。按照生产过程,生物分离与纯化一般包括原料的选取和预处理、分离提取、精制和成品制作四个过程。

1. 原料的选取和预处理

生物分离与纯化应选取来源丰富的材料,尽量做到一物多用,综合利用。首先要根据目的产物的分布,选择富含有效成分的生物品种。例如,制备催乳素,首先,不要选用鱼类、禽类和微生物,应以哺乳动物为材料;其次,要选择合适的组织器官,如制备胃蛋白酶最好选用动物胃为原料,免疫球蛋白应从血液或富含血液的胎盘组织中提取;此外,生物的生长期也是选择材料需要考虑的因素,因为生长期对生物活性物质的含量影响很大,如凝乳酶只能用哺乳期的小牛、仔羊的第四胃为材料,胸腺素以幼年动物胸腺为原料。

原料的预处理主要用过滤、离心等固-液分离技术。过滤和离心相比,无论是投资费用还是运转费用,前者都小得多,因而首选方法应是过滤。但因发酵液中的不溶性固形物和菌体细胞都是柔性体,细胞个体很小,特别是细菌,过滤时形成的滤饼是高度可压缩的,所以容易造成过滤困难。因此,凝聚和絮凝等是生物原料固-液分离时常用的辅助手段。

2. 分离提取

提取也称为初步分离,其目的是利用制备目的物的溶解特性,将目的物与细胞的固形成分或其他结合成分分离,使其由固相转入液相或从细胞内的生理状态转入特定溶液环境的过程。

提取可以除去与产物性质差异较大的杂质,为纯化操作创造有利条件。提取可选用的技术较多,如萃取、固相析出、膜过滤、吸附等单元操作。

提取分为固-液提取和液-液提取两种。固-液提取包括浸渍(用冷溶剂溶出固体材料中的物质)与浸煮(用热溶剂溶于目的物)。液-液提取是将目的物从某一溶剂系统转入另一溶剂系统,即萃取。

3. 精制

精制也称为高度纯化,其目的是去除与目的产物的物理化学性质比较接近的杂质。通过采用对产物有高度选择性的技术,如色谱分离和结晶技术,从而获得高纯度的目的产物。

4. 成品制作

成品制作主要是根据产品的最终用途把产品加工成一定的形式。浓缩和干燥是成品制作常用的单元操作。

生物分离与纯化的一般工艺流程可用图 1-1 表示。

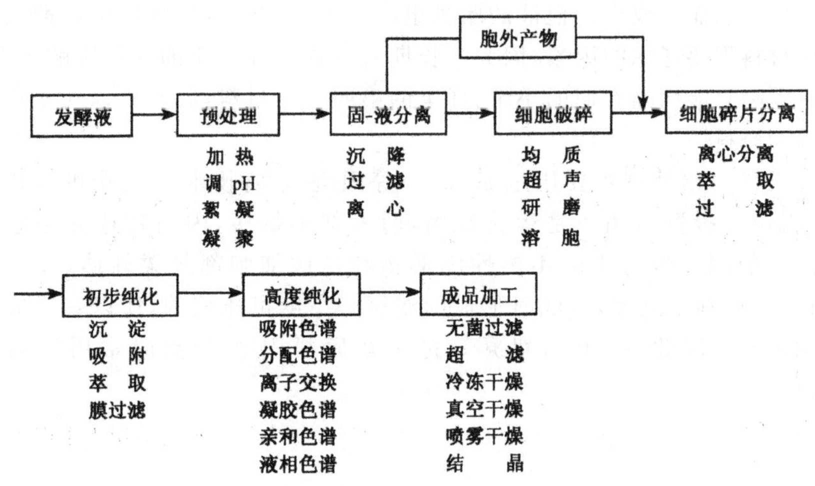

图 1-1 生物分离与纯化的一般工艺流程

1.4 生物分离与纯化技术的发展趋势

目前,生物分离与纯化技术的发展方向主要体现在以下几个方面。

1. 膜分离技术的推广应用

随着膜质量的不断改进以及膜装置性能的不断改善,膜分离技术被越来越多地应用于生物分离与纯化操作过程中。膜分离技术是未来的主要发展方向之一,它具有很多优点,如选择性好、分离效率高、节约能耗等。

2. 提高分离过程的选择性

分离过程的选择主要是应用分子识别与亲和作用来提高大规模分离技术的精度;利用生物亲和作用的高度特异性与其他分离技术相结合,形成新的亲和纯化技术。

3. 强化生物分离过程的研究

生物分离过程的优化可产生显著的经济效益,但目前大多数生物分离过程尚处于经验状态,对其分离机理尚缺乏足够的认识和理解。此外,分离过程还存在失活问题,且新的分离技术不断出现,这就使得准确描述和控制生物分离过程变得很困难。生物分离是一个交叉学科,需要综合运用化学、工程、生物、数学、计算机等多学科的知识和工具才能在该领域取得突破和进展。

4. 新型分离介质的研制

分离介质的性能对提高分离效率起到关键的作用，特别是工业大生产，介质的机械强度是工艺设计时要考虑的重要因素。在色谱分离技术中，使用的凝胶和天然糖类为骨架的分离介质，由于其强度较弱，实现工业化的大规模生产还有一定的困难。因此，进行新型、高效的分离介质的研制是生物分离与纯化工艺改进的一个热点。

5. 生物工程上游技术与下游技术相结合

生物工程作为一个整体，上、中、下游要互相配合。为了利于目的产物的分离与纯化，上游的工艺设计应尽量为下游的分离与纯化创造有利条件。例如：

(1)设法使用生物催化剂将原来的胞内产物变为胞外产物或处于胞膜间隙。

(2)在细胞中高水平的表达形成细胞质内的包含体，在细胞破碎后，在低离心力下即能沉降，以便实现分离。

(3)减少非目的产物(如色素、毒素、降解酶和其他干扰性杂质等)的分泌。

(4)利用基因工程方法，使尿抑胃素接上几个精氨酸残基，使其碱性增强，从而容易被阳离子交换剂所吸附。

自从DNA重组人胰岛素问世以来，越来越多的生物医药产品不断涌现，生物分离与纯化技术在基因工程、酶工程、细胞工程、发酵工程和蛋白质工程方面的应用日益广泛。人们进一步研究和开发出高效、低成本的分离与纯化技术，必将有助于推动生物技术产业的高速发展。

第2章　预处理技术

2.1　凝聚和絮凝技术

凝聚和絮凝技术是在料液中添加电解质，改变细胞、菌体和蛋白质等物质的分散状态，使其聚集成较大的颗粒，以便于提高过滤速率。另外，还能有效地除去杂蛋白质和固体杂质，提高滤液质量。常用于菌体细小而且黏度大的发酵液的预处理中。

2.1.1　凝聚技术

凝聚是指在某些电解质作用下，破坏细胞、菌体和蛋白质等胶体粒子表面所带的电荷，降低双电层电位，使胶体粒子聚集的过程。这些电解质称为凝聚剂。

1. 凝集原理

通常发酵液中细胞或菌体带有负电荷，由于静电引力的作用使溶液中带相反电荷的粒子（即正离子）被吸附在其周围，在其界面上形成了双电子层（图2-1）。这种双电层的结构使胶粒之间不易聚集而保持稳定的分散状态。双电层的电位越高，电排斥作用越强，胶体粒子的分散程度也就越大，发酵液过滤就越困难。

2. 凝聚作用

所谓凝聚作用，是指向胶体悬浮液中加入某种电解质，在电解质中异电离子的作用下，胶粒的双电层电位降低，使胶体体系不稳定，胶体粒子间因相互碰撞而产生凝集的现象。

电解质的凝聚能力可用凝聚值来表示。根据 Schuze-Hardy 法则，反离子的价数越高，凝聚值就越小，即凝聚能力越强。阳离子对带负电荷的发酵液胶体粒子凝聚能力的次序为

$$Al^{3+} > Fe^{3+} > H^{+} > Ca^{2+} > Mg^{2+} > K^{+} > Na^{+} > Li^{+}$$

常用的凝聚电解质有 $Al_2(SO_4)_3 \cdot 18H_2O$（明矾）、$AlCl_3 \cdot 6H_2O$、$FeSO_4 \cdot 7H_2O$、$FeCl_3 \cdot 6H_2O$、$ZnSO_4$、石灰等。

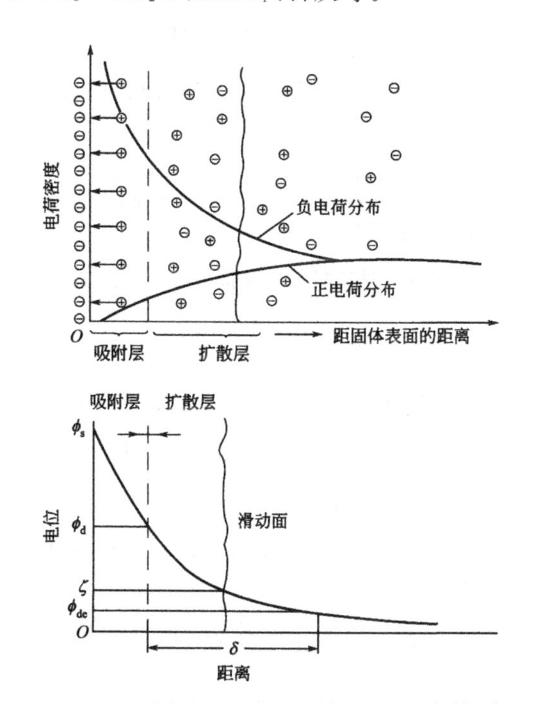

图 2-1 胶粒的双电子层结构

2.1.2 絮凝技术

絮凝是指使用絮凝剂（通常是天然或合成的大相对分子质量的物质），在悬浮粒子之间产生架桥作用而使胶粒形成粗大的絮凝团的过程。

1. 絮凝剂及絮凝作用

絮凝剂是一种能溶于水的高分子聚合物，其相对分子质量可高达数万，甚至 1000 万以上，具长链状结构，其链节上含有许多活性官能团，包括

带电荷的阴离子基团或阳离子基团以及不带电荷的非离子型基团。它们通过静电引力、范德华力或氢键的作用，强烈地吸附在胶粒的表面。当一个高分子聚合物的许多链节分别吸附在不同的胶粒表面上，产生架桥连接时，就形成了较大的絮团，这就是絮凝作用。

2. 对絮凝剂化学结构的一般要求

对絮凝剂化学结构的一般要求如图 2-2 所示。

对絮凝剂化学结构的一般要求
- 絮凝剂分子必须含有相当多的活性官能团 ，使之能和胶粒表面相结合
- 必须具有长链的线性结构，以便同时与多个胶粒吸附形成较大的絮团，但分子量不能超过一定限度，以使其具有良好的溶解性

图 2-2 对絮凝剂化学结构的一般要求

3. 絮凝剂的分类及常用絮凝剂

根据絮凝剂活性基团在水中解离情况的不同，絮凝剂可分为非离子型、阴离子型和阳离子型三类。根据其来源的不同，工业上使用的絮凝剂又可分为三类，如图 2-3 所示。

絮凝剂
- 有机高分子聚合物。如聚丙烯酰胺类衍生物、聚苯乙烯类衍生物等
- 无机高分子聚合物。如聚合铝盐、聚合铁盐等
- 天然有机高分子絮凝剂。如聚糖类胶黏物、海藻酸钠、明胶、骨胶、壳多糖、脱乙酰壳多糖等

图 2-3 絮凝剂的分类

有机高分子聚合物是目前最为常用的絮凝剂。聚丙烯酰胺类絮凝剂的主要优点是用量少、絮凝体粗大、分离效果好、絮凝速度快等，但是其也有缺点，如阳离子型聚丙烯酰胺具有一定的毒性，因此不适宜应用于食品与医药行业，而随着近年来的发展，聚丙烯酸类阴离子絮凝剂是无毒的。

微生物絮凝剂是由微生物产生的具有絮凝细胞功能的物质，是一种新型絮凝剂。其主要成分是由高分子物质组成，如糖蛋白、黏多糖、纤维素及核酸等。与其他絮凝剂相比，微生物絮凝剂具有安全、无毒、无污染等特点，因此发展很快。

4. 絮凝的影响因素

(1)絮凝剂的相对分子质量。絮凝剂相对分子质量越大,链越长,吸附架桥作用就越明显。但随着相对分子质量的增大,絮凝剂在水中溶解度降低。因此,相对分子质量的选择要适当。

(2)絮凝剂的用量。料液中絮凝剂的浓度较低时,增加用量有助于架桥充分,絮凝效果提高,但用量过多反而会引起吸附饱和,在每个胶粒表面上形成覆盖层而失去与其他胶粒的架桥作用,使胶粒再次稳定,絮凝效果反而降低。

(3)溶液 pH。溶液 pH 的变化会影响离子型絮凝剂官能团的电离度,从而影响分子链的伸展形态。电离度增大,由于链节上相邻离子基团间的静电排斥作用,而使分子链从卷曲状态变为伸展状态,所以架桥能力提高。

(4)搅拌速度和时间。在加入絮凝剂初期,应高速搅拌,因为液体的湍动和剪切可使絮凝剂迅速分散,不致局部过浓。但接着应低速搅拌,这样有利于絮团形成和长大。如仍高速搅拌,高的剪切力会打碎絮团。因此,操作时搅拌转速和搅拌时间都应控制。

2.2　细胞破碎技术

在生物分离过程中,目的产物有些由细胞直接分泌到细胞外的培养液中,有些则在细胞培养过程中不能分泌到细胞外的培养液中,而保留在细胞内。动物细胞培养的产物,大多分泌在细胞外培养液中;微生物的代谢产物,有的分泌在细胞外,也有许多是存在于细胞内部;而植物细胞产物,多为胞内物质。分泌到细胞外的产物,用适当的溶剂可直接提取,而存在于细胞内的,需要在分离与纯化过程之前先收集细胞并将其破碎,使细胞内的目的产物释放到液相中,然后再进行提纯。细胞破碎就是采用一定的方法,在一定程度上破坏细胞壁和细胞膜,设法使细胞内产物最大程度的释放到液相中,破碎后的细胞浆液经固-液分离除去细胞碎片后,再采用不同的分离手段进一步纯化。可见,细胞破碎是提取胞内产物的关键步骤。

2.2.1　细胞壁的组成与结构

细胞壁的化学组成是非常复杂的,生物类型不同,其细胞壁组成不同,同一生物处于不同生长阶段时，其细胞壁的组成也会发生变化。

1. 微生物细胞壁的组成与结构

(1)细菌细胞壁的组成。细菌的细胞壁由多糖链借短肽交联而成，具有网状结构，包围在细胞周围，使细胞具有一定的形状和强度(图 2-4)。细菌的细胞壁是由肽聚糖组成的一个难溶于水的大分子复合体。

革兰阳性细菌的细胞壁较厚，只有一层(20～80 nm)，主要由肽聚糖组成，占细胞壁成分的 40%～90%，其余是多糖和胞壁酸。其肽聚糖结构为多层网状结构，其中 75%的肽聚糖亚单位相互交联，网格致密坚固。如图 2-4(a)所示。

革兰阴性细菌的细胞壁包括内壁层和外壁层。内壁层较薄(2～3 nm)，由肽聚糖组成，占细胞壁成分的 10%左右；外壁层较厚(8～10 nm)，主要由脂蛋白和脂多糖组成。革兰阴性菌细胞壁的肽聚糖为单层网状结构，它们只有 30%的肽聚糖亚单位彼此交联，故其网状结构不及革兰阳性细菌的坚固，显得比较疏松。如图 2-4(b)所示。

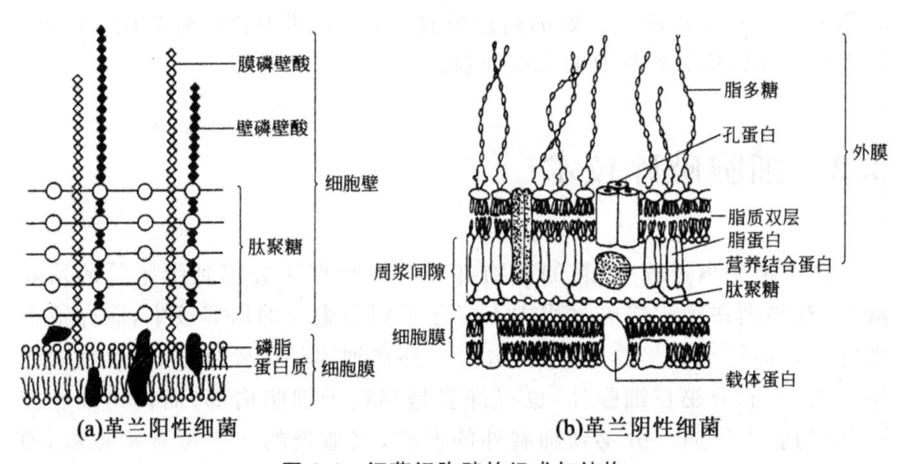

图 2-4　细菌细胞壁的组成与结构

(2) 真菌细胞壁的组成。真菌细胞壁厚 100～300 nm，它占细胞干物质的 30%左右。细胞壁的主要成分为多糖，其次为蛋白质、类脂。在不同类群的真菌中，细胞壁多糖的类型不同。真菌细胞壁多糖主要有几丁质、纤维素、葡聚糖、甘露聚糖等，这些多糖都是单糖的聚合物，如几丁质就是由 N-乙酰葡萄糖胺分子，以 β-1,4-葡萄糖苷键连接而成的多聚糖。低等真菌的细胞壁成分以纤维素为主，酵母菌以葡聚糖为主，而高等真菌则以几丁质为主。一种真菌的细胞壁成分并不是固定的，在其不同的生长阶段，细胞壁的成分有明显不同。

1）霉菌。霉菌的细胞壁主要存在三种聚合物：葡聚糖、几丁质和糖蛋白。最外层是 α-葡聚糖和 β-葡聚糖的混合物；第二层是糖蛋白的网状结构，葡聚糖与糖蛋白结合起来；第三层主要是蛋白质；最内层主要是几丁质，几丁质的微纤维嵌入蛋白质结构中。

2）酵母菌。酵母菌细胞壁的主要成分是葡聚糖（30%～34%）、甘露聚糖（30%）、蛋白质（6%～8%）、脂类（8.5%～13.5%）。如图 2-5 所示，酵母细胞壁最里层是由葡聚糖的细纤维组成，最外层是甘露聚糖，由 1，6-磷酸二酯键共价连接，形成网状结构。在该层的内部，有甘露聚糖-酶的复合物，它可以共价连接到网状结构上，也可以不连接。

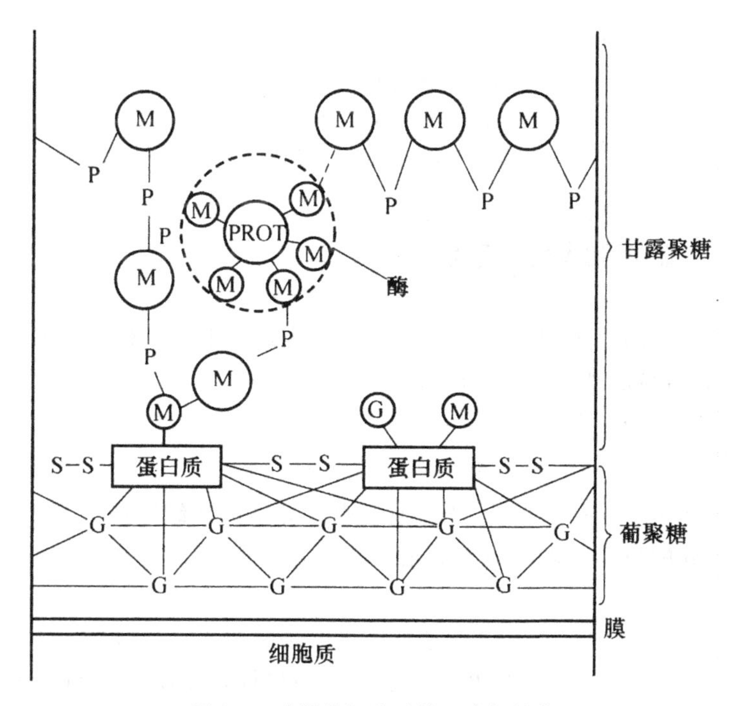

图 2-5　酵母菌细胞壁的组成与结构

2. 植物细胞壁的组成与结构

植物细胞壁主要组成成分包括多糖类（纤维素、半纤维素、果胶等）、蛋白类（结构蛋白、酶、凝聚素等）、多酚类（木质素等）和脂质化合物。较为普遍接受的植物细胞壁模型是经纬模型。该模型认为，细胞壁是由纤维素微纤丝和伸展蛋白质交织而成的网络，悬浮在亲水的果胶-半纤维素胶体中。纤维素微纤丝的排列方向与细胞壁平行，构成了细胞壁的“经”，伸展蛋白环绕在微纤丝周围，排列方向与细胞壁垂直，构成了细胞壁的“纬”，如

图 2-6 所示。具有不同功能的植物细胞往往结构上有相应的变化，如木质化、栓质化和角质化等。因此，对于不同植物细胞要区别对待。

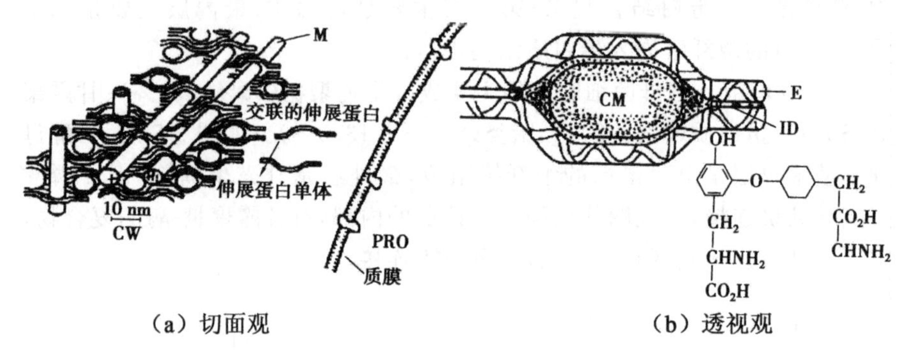

图 2-6 植物细胞壁的组成与结构

CM—纤维素的微纤丝；CW—细胞壁；E—伸展蛋白；
ID—异二酪氨酸；M—微纤丝；PRO—原生质体

2.2.2 细胞破碎的方法

细胞破碎的目的是释放出胞内产物，其方法很多。根据作用方式不同，可分为机械法和非机械法两大类。

1. 机械法

机械法主要是利用高压、研磨或超声波等手段在细胞壁上产生的剪切力达到破碎的目的。机械法主要包括高压匀浆法、高速珠磨法和超声波破碎法等。

(1)高压匀浆法。高压匀浆法所需设备是高压匀浆机，它的主要部件为高压正位移泵和一个位于泵出口处的由硬质材料制成的碰撞环(图 2-7)。其破碎原理(图 2-8)如下：料液在高压作用下从阀座与阀之间的环隙高速(速度可达 450 m/s)喷出后撞击到碰撞环上，细胞在受到高速撞击作用后，急剧释放到低压环境，在撞击力和剪切力等综合作用下破碎。

影响匀浆破碎的主要因素是压力、温度和菌液通过匀浆阀的次数。

1)压力。利用高压匀浆破碎细胞时，操作压力的合理选择非常重要。通常来说，提高压力在提高破碎率的同时，往往伴随着能耗的增加。通常来说，压力每升高 100 MPa 会多消耗 3.5 kW 能量；压力每升高 100 MPa，温度将提高 2℃；另外，压力升高将引起高压匀浆机排出阀剧烈磨损。

2)温度。利用高压匀浆破碎细胞时，破碎率随温度的升高而增加。如当悬浮液中酵母浓度为450～750 kg/m^3 时，操作温度由5℃提高到30℃，破碎率约提高1.5倍。因此，如果目标物质是热敏性物质，为防止其在破碎过程中发生变性，可以在进口处用干冰调节温度，使出口温度调节在20℃左右。

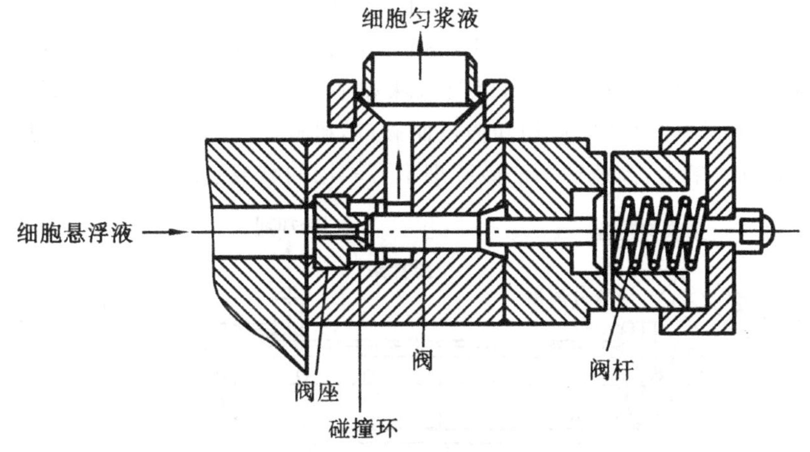

图2-7　高压匀浆机的结构

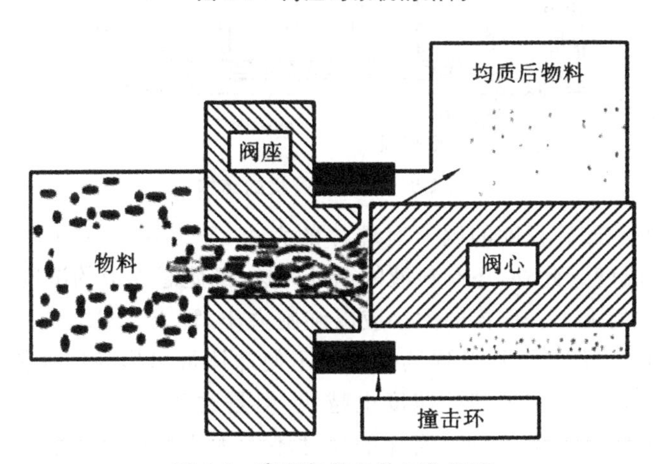

图2-8　高压匀浆机的工作原理

3）菌液通过匀浆阀的次数。在操作方式上，可以采用单次通过匀浆器或多次循环通过等方式进行破碎。如在工业规模的细胞破碎中，对于酵母等难破碎的及浓度高或处于生长静止期的细胞，常采用多次循环的操作方法方可达到满意的破碎效果。

高压匀浆法的适用范围较广，在微生物细胞和植物细胞的大规模处理中常采用。特别是酵母菌，料液细胞浓度可达到20%左右。而对较小的革兰氏阳性菌、丝状或团状真菌，以及有些亚细胞器，由于它们会堵塞高压匀浆机的阀,使操作困难,故不适用。

(2)高速珠磨法。高速珠磨法是利用玻璃珠与细胞悬浮液一起快速搅拌,由于研磨作用,使细胞获得破碎。小量样品(湿重不超过 3 g)可在试管内进行,大量样品需使用特制的高速珠磨机,如图 2-9 所示。高速珠磨机的破碎室内填充玻璃(密度为 2.5 g/mL)或氧化锆(密度为 6.0 g/mL)微珠(粒径为 0.1～1.0 mm),填充率为 80%～85%。在搅拌桨的高速搅拌下微珠高速运动,微珠和微珠之间以及微珠和细胞之间发生冲击和研磨,使悬浮液中的细胞受到研磨剪切和撞击而破碎,破碎产生的热量一般采用夹套冷却的方式带走,高速珠磨法破碎细胞可采用间歇或连续操作。

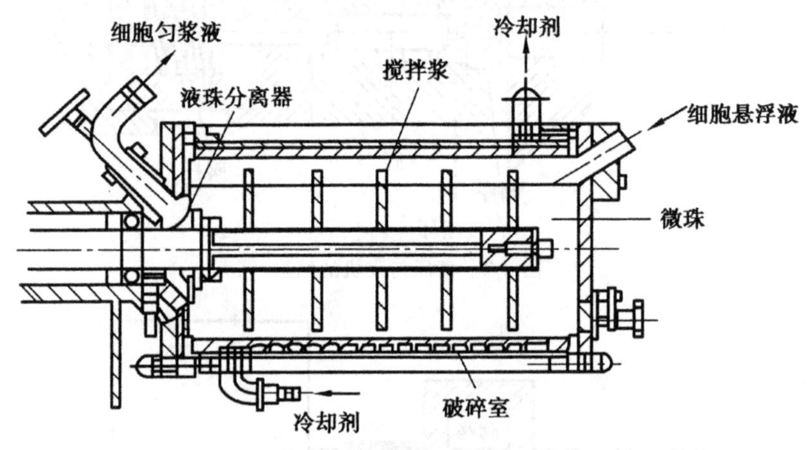

图 2-9 高速珠磨机的结构

影响细胞破碎程度的因素有珠体的大小、珠体在磨室中的装量、搅拌速度、操作温度。此外,还有料液的循环流速、细胞悬浮液的浓度等。

1)珠体的大小。珠体的大小应以细胞大小、种类、浓度、所需提取的酶在细胞中的位置关系,以及连续操作时不使珠体带出作为选择依据。通常来说,磨珠越小,细胞破碎的速度也越快,但是磨珠太小容易漂浮,并很难在研磨机的腔体保留,因此,磨珠的尺寸不能太小。通常在实验室规模的研磨机中,珠粒直径为 0.2 mm 较好,而在工业规模操作中,珠粒直径不得小于 0.4 mm。

2)珠体在磨室中的装量。珠体的装量要适中。装量少时,细胞不易破碎;装量多时,能量消耗大,研磨室热扩散性能降低,引起温度升高,给细胞破碎带来困难。因此研磨机腔体内的填充密度应该控制在 80%～90%,并随珠粒直径的大小而变化。

3)搅拌速度。增加搅拌速度能提高破碎效率,但过高的速度反而会使破碎率降低,能量消耗增大,所以搅拌速度应适当。

4)操作温度。操作温度在 5～40℃范围内对破碎物影响较小,温度高时,细胞较易破碎,但操作温度的控制主要考虑的是破碎物,特别是目的产物不受破坏。为了控制温度,可采用冷却夹套和搅拌轴的方式来调节珠磨室的温度。

延长研磨时间、增加珠体装量、提高搅拌转速和操作温度等都可有效地提高细胞破碎率,但高破碎率将使能耗大大增加。当破碎率超过 80%时,单位破碎细胞的能耗明显上升。此外,高破碎率带来的问题还有:产生较多的热能;增大了冷却控温的难度;大分子目的产物的失活损失增加;细胞碎片较小,分离碎片不易,给下一步操作带来困难。因此,高速珠磨法的破碎率一般控制在 80%以下。此外,破碎率的确定主要是根据产物的总收率,并兼顾下游提取与纯化过程。

(3)超声波破碎法。频率超过 15～20 kHz 的超声波是人耳难以听到的一种声音,在较高的输入功率下,可破碎细胞。超声波破碎细胞的机理尚不清楚,可能与空穴现象引起的冲击波和剪切力有关。

影响超声波破碎的因素主要有超声波的声强、频率、破碎时间,另外,细胞浓度和细胞种类等对破碎效果也会有影响。超声波破碎时的频率一般为 20 kHz,功率为 100～250 W。各种细胞所需破碎时间主要靠经验来决定,有些细胞仅需 2～3 次的 1 min 超声即可破碎,而另一些则需多达 10 次的超声处理。超声波破碎对不同种类细胞的破碎效果不同,杆菌比球菌容易破碎,革兰阴性细菌比革兰阳性细菌容易破碎,对酵母的破碎效果最差。超声波破碎时细胞浓度一般在 20%左右,高浓度和高黏度会降低破碎速度。在超声波破碎细胞时会产生生成游离基的化学效应,有时可能对目标蛋白带来破坏作用,这个问题可通过添加游离基清除剂(如胱氨酸或谷胱甘肽)或者用氢气预吹细胞悬浮液来缓解。

超声波破碎法最适合实验室规模的细胞破碎。它处理的样品体积为 1～400 mL。超声波破碎效果受液体的共振反应影响,在操作时可以调整频率找到最大共振频率。超声波破碎最主要的问题是热量的产生,破碎器都带有冷却夹层系统,以保证蛋白质不会因过热引起变性。通常细胞是放在冰浴中进行短时间破碎的,且破碎 1 min,冷却 1 min。超声波破碎也可以进行连续细胞破碎,实验室连续破碎池结构示意图如图 2-10 所示。其核心部分是由一个带夹套的烧杯组成,在这个超声波反应器内,有 4 根内环管,由于声波振荡能量会泵送细胞悬浮液循环,将细胞悬浮液进出口管插入到烧杯内部去,就可以实现连续操作。在破碎时,对于刚性细胞可以添加细小的珠粒,以产生辅助的“研磨”效应。

由于超声波破碎时产生大量的热,所以超声波破碎法不适合大规模生产使用。

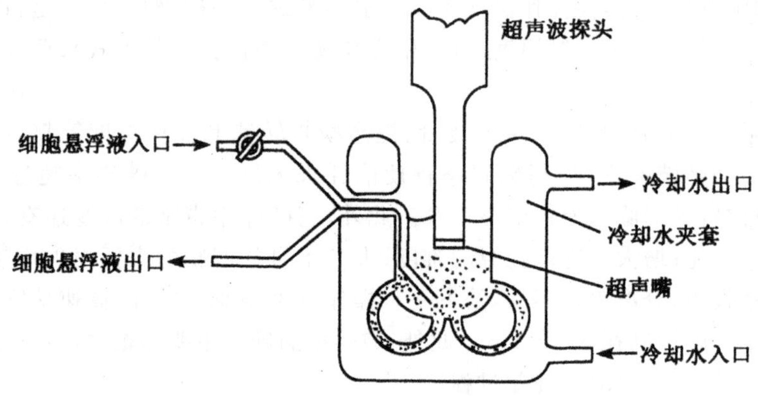

图 2-10　连续破碎池的结构

2. 非机械法

非机械法是指利用物理或化学的手段，破坏细胞的细胞壁、细胞膜结构，导致细胞内容物释放出来的细胞破碎方法。目前常用的非机械法有物理法、化学法及其他细胞破碎法。

(1)物理法。物理法主要有以下几种。

1)溶胀法。溶胀法又称为渗透压冲击法，是指细胞经高渗溶液，使之脱水收缩，然后转入水或缓冲液，因渗透压突然改变，细胞快速膨胀而破裂，使产物释放到溶液中。

2)冻融法。将细胞放在低温下突然冷冻，然后在室温下缓慢融化，反复多次而达到破壁作用。由于冷冻可以使细胞膜的疏水键结构破裂，从而增加细胞的亲水性。另外，冷冻还可使胞内水结晶，使细胞内外溶液浓度变化，引起细胞溶胀而破裂。

3)干燥法。采用空气干燥、真空干燥、冷冻干燥等多种方法(其适用范围如图 2-11 所示)干燥细胞，使细胞结合水分丧失，从而改变细胞的渗透性。当采用丙酮、丁醇或缓冲液等对干燥细胞进行处理时，胞内物质就容易被抽提出来。

(2)化学法。化学法主要有以下几种。

1)碱处理法。蛋白质是两相物质，利用酸碱调节 pH，可提高目标产物溶解度。如用 pH 11.5～12.5 碱处理 20～30 min 可导致细胞溶解，通过用最佳 pH 11.0～12.5 碱处理代替机械破碎法从欧文氏菌中提取 L-天门冬酰酸酶，则 L-天门冬酰酸酶以可溶形式释放出来。

碱处理法的优点是价格便宜，易适于任何规模的操作，但实际上大多数蛋白是不能耐受这种条件的。较高的碱浓度破坏了许多生物活性，使蛋白酶失活，故本法常伴随着蛋白的变性和降解。

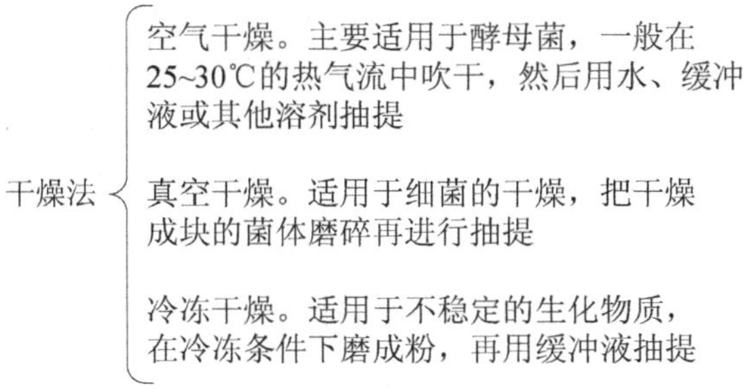

干燥法
- 空气干燥。主要适用于酵母菌，一般在25~30℃的热气流中吹干，然后用水、缓冲液或其他溶剂抽提
- 真空干燥。适用于细菌的干燥，把干燥成块的菌体磨碎再进行抽提
- 冷冻干燥。适用于不稳定的生化物质，在冷冻条件下磨成粉，再用缓冲液抽提

图 2-11　干燥法的适用范围

2）化学试剂法。化学渗透取决于试剂的类型和细胞壁、细胞膜的结构与形成。

a. 表面活性剂。通常使用的清洁剂如 SDS、CTAB、Triton-X 等能够作用于细胞质和细胞壁膜，使膜结构中的脂蛋白成分被或多或少地溶解，使细胞透性增加，有利于某些蛋白的通过。E-coli 实验研究显示了阴离子清洁剂 SDS、Sarkosyl 和非离子型清洁剂 Triton X-100 溶解细胞、细胞外膜、细胞壁和细胞质膜不同的敏感性，无 Mg^{2+} 条件下，细胞外膜和内膜很容易被 SDS 和 Triton X-100 溶解。Sarkosyl 专门作用内膜，Mg^{2+} 的存在会抑制 Triton X-100，仅对内膜溶解的作用阻止了 Sarkosyl 脱掉内膜，在 4～37℃的范围内，内膜和外膜的溶解随着温度增大而升高。用清洁剂渗透细胞的缺点是易使蛋白质变性，尤其表现在蛋白质复杂的四级结构上。

b. EDTA。EDTA 作为螯合剂，对细胞的外层膜有破坏作用，可用于处理革兰氏阴性菌如 *E-coli*。二价阳离子，尤其是 Mg^{2+} 对革兰氏阴性菌细胞被膜以外层膜的稳定作用是重要的，EDTA 的螯合作用导致外层膜不稳定或去除。在 EDTA 处理时，大肠杆菌有 33％～50％脂多糖，少量蛋白质和磷脂损失，外层的这些变化也影响细胞质膜。EDTA 单独处理可导致绿脓杆菌（*Pseudomonas aeruginosa*）广泛的溶解，这性质对假单胞菌属（Pseadmonads）是特有的，对 *E-coli*，EDTA 有助于诱导自溶；对其他革兰氏阴性菌，EDTA 可提高细胞通透性。

c. 有机溶剂。有机溶剂可溶解细胞壁中的磷脂层，使细胞破坏。常用的有机溶剂有丁酯、丁醇、甲苯、二甲苯、三氯甲烷及高级醇等。

3）酶溶法。利用酶反应，分解破坏细胞壁上的特殊键或某种特殊的物质，从而达到破碎细胞壁目的的方法，称为酶溶法。酶溶法可分为外加酶法和自溶法两种。

a. 外加酶法。酶水解的特点是专一性强，因此在选择酶系统时，必须根据细胞的结构和化学组成来选择。溶菌酶能专一性地分解细胞壁上肽聚糖分子的β 1,4 糖苷键，因此主要用于细菌类细胞壁的裂解。酶解作用需要控制特定的反应条件，如温度和 pH。有时还需附加其他的处理，如辐射、渗透压冲击、反复冻融或加金属螯合剂 EDTA 等，或者利用生物因素促使酶解作用敏感，以获得一定的效果。外加酶法的优点和不足分别如图 2-12 和图 2-13 所示。

外加酶法的优点
- 选择性释放产物
- 条件温和
- 核酸泄出量少
- 细胞外形完整

图 2-12　外加酶法的优点

外加酶法的不足
- 溶酶价格高，限制了大规模应用，如果回收溶酶则又需增加分离纯化溶酶的操作和设备，其费用也不低
- 酶溶法通用性差，不同菌种需选择不同的酶，且不易确定最佳的溶解条件
- 产物抑制的存在，在溶酶系统中，甘露糖对蛋白酶有抑制作用，葡聚糖抑制葡聚糖酶，这可能是导致酶溶法胞内物质释放低的一个重要因素

图 2-13　外加酶法的不足

b. 自溶法。微生物代谢过程中，大多数都能产生一种能够水解细胞壁上聚合物结构的酶，以便使生长繁殖过程进行下去。生产中改变微生物生长环境，可以诱发其产生过剩的这种酶或激发产生其他的自溶酶，以达到自溶目的。

自溶法可用于工业规模，如酵母自溶物的制备。自溶法的缺点是可引起蛋白质变性、悬浮液黏度增大。

2.2.3　细胞破碎方法的研究方向

1. 多种破碎方法相结合

各种细胞破碎技术有各自的优、缺点及适用范围。目前，为了达到高

效、低成本破碎细胞的目的，人们尝试将多种破碎方法结合起来处理细胞，并获得了较好的效果。例如，朱勇在《植物乳杆菌乳酸脱氢酶发酵与提取方法研究》中，分别考察了高压均质破碎法和溶菌酶破碎法的酶活释放情况，并确定了高压均质破碎和溶菌酶破碎的最佳工艺条件。但实验结果表明：单独使用高压均质处理和溶菌酶处理菌体，菌体破碎率都不理想；而将二者结合后，菌体的破碎效率则有了大幅度的提高，破碎菌体酶活释放量可达 1 400 U/g。不仅如此，该方法还在降低酶使用量的同时，缩短了处理时间，减少了细胞碎片的含量，为细胞破碎方法的发展奠定了基础。

2. 与上游过程相结合

在发酵培养过程中，由于培养基成分、培养时间、发酵设备的操作参数等因素都对菌体的细胞壁、膜结构及组成有一定的影响，因此，可通过对上述因素的控制，使菌体的细胞壁及膜结构发生变化，从而减小菌体破碎的难度。例如，在利用微生物获取蛋白质或酶时，可在微生物的生长后期加入某些能抑制或阻止细胞壁合成的抑制剂，继续培养一段时间后，新产生的细胞因细胞壁有缺陷，因而很容易被破碎。此外，还可利用基因工程的方法在细胞内引入噬菌体的基因，培养结束后，通过控制一定的外部条件，激活噬菌体基因，使细胞自内向外溶解，释放出内含物。

3. 与下游过程相结合

工业生产上，机械破碎法虽然处理量大，速度快，但在破碎过程中，容易产生大量的细胞碎片，增加目的物质分离纯化的难度，因而限制了它的推广。但双水相萃取技术的开发，却为解决这一问题提供了可能。双水相萃取技术是一种新型的分离技术，是利用物质在互不相溶的两个水相之间分配系数的差异实现分离的。与其他分离技术相比，它在操作过程中能够保持生物物质的活性和构象，避免生物物质失活。将机械破碎法与双水相萃取技术相结合，既可以保证生产规模，又可以降低蛋白质的失活，适合蛋白质的大规模生产。例如，乙醇脱氢酶（Alcohol Dehydrogenase，ADH）是一种含锌的金属酶，一般的破碎方法很易使其失活。苏志国等采用球磨法与双水相萃取技术结合，从酿酒酵母细胞中提取 ADH。实验中其利用聚乙二醇（PEG）对酶的保护作用，利用聚乙二醇和硫酸铵作为双水相体系，以边破碎边萃取的方式提取 ADH，不但节省了萃取设备和时间，还利用双水相对蛋白质的保护作用提高了 ADH 的活性。实验结果表明：经过萃取破碎的酵母匀浆离心分相后，细胞碎片均滞留在下相，而 90%以上的 ADH 则分配在上相，分配系数大于 10，纯化倍数大于 2。

2.3 离心技术

2.3.1 离心技术的分类

离心分离技术是指借助离心机旋转所产生的离心力的作用,促使不同大小、不同密度的粒子分离的技术。离心分离技术广泛应用于食品、生物制药生产中的固-液分离、液-液分离及不同大小的分子分离。离心分离具有分离速度快、分离效率高等优点,特别适合于固体颗粒小、液体黏度大、过滤速度慢及忌用助滤剂或助滤剂无效的场合;但离心分离也存在设备投资高、能耗大等缺点。

1. 按分离原理分类

按分离原理的不同,离心分离可分为沉降速率法和沉降平衡离心法两种。

(1)沉降速率法。沉降速率法是根据粒子大小、形状不同进行分离的,包括差速离心法和速率区带离心法。

1)差速离心法。差速离心法是采用不同的离心速度和离心时间,使沉降速度不同的颗粒分批分离的方法(图 2-14)。操作时,采用均匀的悬浮液进行离心,选择好离心力和离心时间,使大颗粒先沉降,取出上清液,在加大离心力的条件下再进行离心,分离较小的颗粒。如此多次离心,使不同大小的颗粒分批分离。差速离心所得到的沉降物含有较多杂质,需经过重新悬浮和再离心若干次,才能获得较纯的分离产物。

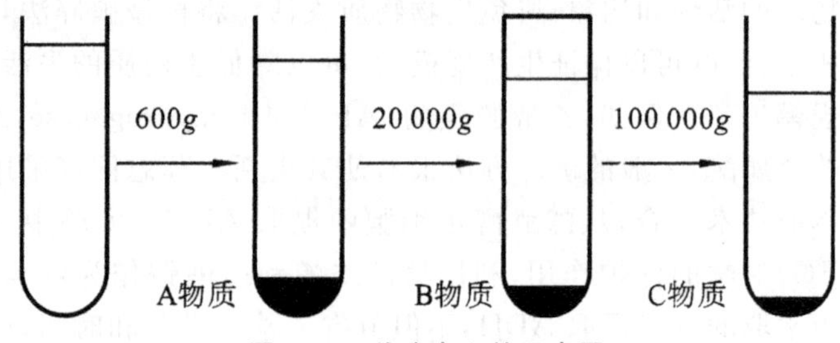

图 2-14 差速离心的示意图

差速离心的分辨率不高,沉淀系数在同一个数量级内的各种粒子不容易分开,常用于其他分离前的粗制品提取。图 2-15 所示为用差速离心法分离破碎细胞的各组分。

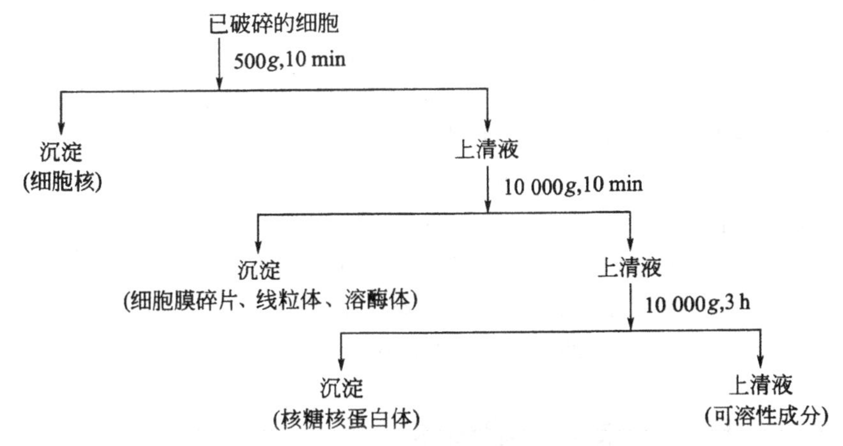

图2-15 差速离心法分离破碎细胞各组分

2)速率区带离心法。速率区带离心法是样品在密度梯度介质中进行离心,使密度不同的组分得以分离的一种区带分离方法。密度梯度系统是在溶剂中加入一定的梯度介质制成的。梯度介质应有足够大的溶解度,以形成所需的密度,不与分离组分反应,而且不会引起分离组分的凝聚、变性或失活,常用的有蔗糖、甘油等。

密度梯度的制备可采用梯度混合器,也可将不同浓度的蔗糖溶液,小心地一层层加入离心管中,越靠管底,浓度越高,形成阶梯梯度。离心前,把样品小心地铺放在预先制备好的密度梯度溶液的表面。离心后,不同大小、不同形状、有一定的沉降系数差异的颗粒在密度梯度溶液中形成若干条界面清晰的不连续区带。各区带内的颗粒较均一,分离效果较好。

在速率区带离心过程中,区带的位置和宽度随离心时间的不同而改变。随离心时间的加长,区带会因颗粒扩散而越来越宽。为此,适当增大离心力而缩短离心时间,可减少区带扩宽。

(2)沉降平衡离心法。依粒子密度差进行分离,包括经典式沉降平衡离心法和等密度离心法。

1)经典式沉降平衡离心法。经典式沉降平衡离心法主要用于对生物大分子相对分子质量的测定、纯度估计、构象变化的观察等。

2)等密度离心法。将 $CsCl_2$、$CsSO_4$ 等介质溶液与样品溶液混合,然后在选定的离心力作用下,经足够时间的离心,铯盐在离心场中沉降形成密度梯度,样品中不同浮力密度的颗粒在各自的等密度点位置上形成区带。

2. 按分离方式分类

按分离方式不同,离心分离分为离心沉降和离心过滤两种。

(1)离心沉降。离心沉降是利用固、液两相的相对密度差,在离心机无孔转鼓或管子中进行悬浮液的分离操作。此法可用于液-固、液-液物料的分离。

(2)离心过滤。离心机的转鼓为一多孔圆筒,转鼓内表面铺有滤布,操作时料液由圆筒口表面连续进入筒内,在离心力的作用下,清液穿过过滤介质,经转鼓上的小孔流出,固体吸附在滤布上形成滤饼,以后的液体要依次流经饼层、滤布,再经小孔排出,滤饼层随过滤时间的延长而逐渐加厚,至一定厚度后停止离心,进行卸料处理后再转入离心操作,从而实现固-液分离。

2.3.2 离心效果的影响因素

影响离心效果的因素主要包括所分离样品的理化性质、所选用的离心分离设备及离心操作条件等。

1. 样品的理化性质

样品各组分相对分子质量的大小、分子形状、密度及黏度等对离心分离效果影响很大。因此,在制定离心分离方案前,必须详细地了解要分离的料液的性质。

2. 离心分离设备

样品处理量、样品理化性质是选择离心分离设备的决定性因素。对于处理量大的场合,往往需要选用连续离心机,对于组分大小比较接近或流体黏度较大的场合,一般选用高速离心机甚至超速离心机。

3. 离心操作条件

离心分离因子、离心时间和操作温度是影响离心效果最重要的工艺参数。

(1)离心分离因子。离心机在运行过程中产生的离心力(F_c)和重力加速度的比值,称为分离因子(F)。

$$F_c = r\omega^2 = r(2\pi n)^2 = 4\pi^2 n^2 r \quad (2.1)$$

$$F = \frac{r\omega^2}{g} \quad (2.2)$$

式中:r 为离心机转鼓的回转半径,m;ω 为转鼓的角速度,rad/s;n 为转鼓的转速,r/min;g 为重力加速度。

分离因子是离心机分离能力的主要指标，分离因子 F 越大，物料所受的离心力就越大，分离效果就越好。对于小颗粒，液相黏度大的难分离悬浮液，需要采用分离因子大的离心机加以分离。目前，工业用离心机的分离因子 F 值有几百至数十万。

离心力的大小与径向距离上颗粒的质量成正比。所以在离心机的使用中，对已装载了被分离物质的离心管的平衡提出了严格的要求：离心管要依旋转中心对称放置，质量要相等；旋转中心对称位置上两个离心管中的被分离物质平均密度要基本一致，以免在离心一段时间后，此两离心管在相同径向位置上由于颗粒密度的较大差异，导致离心力的不同。若忽略这两点，会使转轴扭曲或断裂，导致事故。

(2)离心时间。离心时间与离心速度及粒子沉降距离关系为

$$s=\frac{\ln r_2-\ln r_1}{\omega^2(t_2-t_1)}$$

式中：t_1、t_2 为离心分离时间，s；r_1、r_2 分别为 t_1、t_2 时，粒子到离心机轴心的距离，m；s 为沉降系数。

由上式可见，对于某一定的样品溶液，当需达到要求的沉降效果(沉降距离)时，离心时间与转速乘积为一定数，因此采用较低的转速、较长的离心时间或较高的转速、较短的离心时间，都可达到同样的离心效果。

如果用 $R_{\min}$ 代替 r_1 表示旋转轴与样品溶液表面之间的距离，用 $R_{\max}$ 代替 r_2 表示旋转轴与离心管底部的距离，则样品颗粒从液面沉降到离心管底部的沉降时间 T 为

$$T=\frac{\ln R_{\max}-\ln R_{\min}}{\omega^2 s}$$

T 的单位是秒(s)，如果把 T 的单位换成小时(h)，并用一个斯维德贝格单位($1\ \text{S}=1\times10^{-13}\ \text{s}$)替代，这样的沉降时间用 K 来表示，叫作 K 因子。则

$$K=2.53\times10^{11}\frac{\ln R_{\max}-\ln R_{\min}}{n^2}$$

对于沉降系数为 S 的颗粒，沉降时间为

$$T_s=\frac{K}{S}$$

式中，T_s 为沉降时间，h。

市售转子以最高转速时的 K 因子作为此转子的主要特征参数，在大多数离心转子使用说明书上对每个转子都列出了不同转速时的 K 因子表，所给出的 K 因子均从转子的离心管孔顶部而不是从液面计算的，故实际 K 因子比理论 K 因子小。

(3)离心操作温度。在生物分离与纯化操作过程中，很多蛋白质、酶都

必须在低温下进行操作才能保持良好的生物活性，有些蛋白在温度变化的情况下易出现变性，或改变颗粒的沉降性质，影响分离效果，因此离心温度也必须严格控制。

2.3.3 离心分离设备

离心分离设备的分类如图2-16所示。

离心分离设备
- 按离心分离方式的不同，可分为沉降离心机和过滤离心机
- 按转速的不同，可分为低速离心机、高速离心机和超速离心机
- 按离心机的容量、使用温度、机身体积等方面的不同，可分为大容量离心机、冷冻离心机、落地式离心机和台式离心机等
- 按操作方式的不同，可分为间歇式离心机、连续式离心机
- 按结构特点的不同，可分为管式离心机、套筒式离心机和碟片式离心机

图2-16 离心分离设备的分类

常用的离心机有如下五种。

1. 管式离心机

管式离心机由于转鼓细而长（长度为直径的6～7倍），所以可以在很高的转速（15 000～50 000 r/min）下工作，而不至于使转鼓内壁产生过高压力。

管式离心机分离因数高达$1\times10^4\sim6\times10^3$，适合固体粒子粒径为0.01～100 μm、固体密度差大于0.01 g/cm^3、体积浓度小于1%的难分离悬浮液，可用于微生物细胞的分离。

管式离心机可用于液-液分离（连续操作）和固-液分离（间歇操作，一段时间后，在转鼓壁上沉积的固体需要定期卸除）。

管式离心机由转鼓、分离盘、机壳、机架、传动装置等组成，如图2-17和图2-18所示。悬浮液在加压情况下由下部送入，经挡板作用分散于转鼓底部，受到高速离心力作用而旋转向上，轻液（或清液）位于转鼓中央，呈螺旋形运转向上移动，重液（或固体）靠近鼓壁。分离盘靠近中心处为轻液（或清液）出口孔，靠近转鼓壁处为重液出口孔。用于固-液分离时，将重液出口

孔用石棉垫堵塞，固体则附于转鼓周壁，待停机后取出。

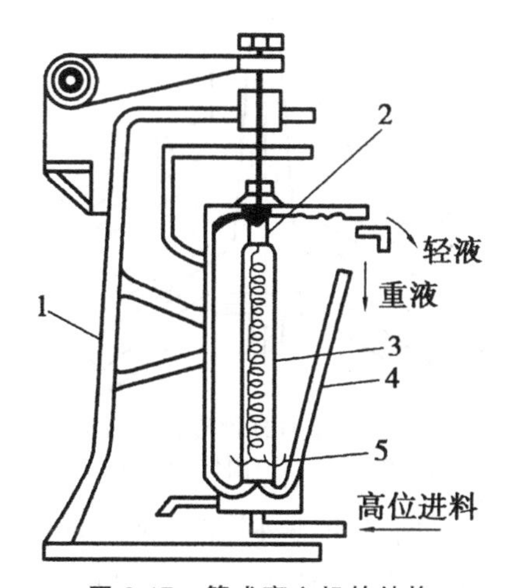

图 2-17　管式离心机的结构

1—机架；2—分离盘；3—转筒；4—机壳；5—挡板

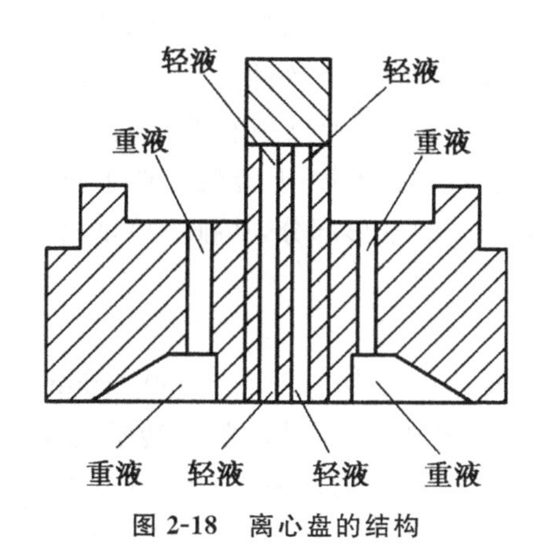

图 2-18　离心盘的结构

2. 碟片式离心机

如图 2-19 所示为碟片式离心机的结构简图，它有一个密封的转鼓，内装十至上百个锥顶角为 60°～100°的锥形碟片，悬浮液或乳浊液由中心进料管进入转鼓，从碟片外缘进入碟片间隙向碟片内缘流动。由于碟片间隙很小，形成薄层分离，固体颗粒或重液沉降到碟片内表面上后向碟片外缘滑动，最后沉积到鼓壁上。已澄清的液体或经溢流口或由向心泵排出。碟片式离心机的分离因数可达 3 000～10 000 g，由于碟片数多并且间隙小，从而增大了沉降面积，缩短了沉降距离，所以分离效果较好。

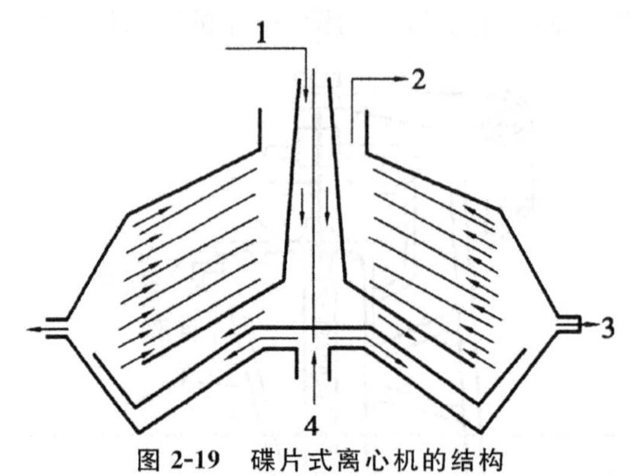

图 2-19 碟片式离心机的结构

1—悬浮液；2—澄清液；3—固体颗粒出口；4—循环液

在出渣方式上除人工间隙出渣外，还可采用自动出渣离心机，可以实现连续操作，其中具有活门式自动出渣装置的碟片式离心机最为方便。

3. 倾析式离心机

倾析式离心机也称为螺旋卸料沉降离心机，它是依靠离心力和螺旋的推进作用来完成自动连续排渣的。倾析式离心机的转动部分由转鼓及装在转鼓中的螺旋输送器组成，两者以稍有差别的转速同向旋转，在离心力的作用下，固体颗粒发生沉降分离，于转鼓内壁上沉积。堆积在转鼓内壁上的固相靠螺旋推向转鼓的锥形部分，从排渣口排出。

4. 平抛式离心机

平抛式离心机的转速一般为 3 000～6 000 r/min。转子活动管套内的离心管，静止时垂直挂在转头上，旋转时随着转子转动，从垂直悬吊上升到水平位置。颗粒在水平转子中的沉降是沿管子轴向移动的，便于收集样品，受振动和变速搅乱后对流小。但转头结构复杂，最高转速相对较低。

5. 斜角式离心机

斜角式离心机具有离心管腔与转轴成一定倾角的转子。角度越大，沉降越结实，分离效果越好；角度越小，颗粒沉降距离越短，沉降速率越快，但分离效果较差。颗粒在转子中沉降时，先沿离心力方向撞向离心管，然后沿管壁滑向管底，因此管的一侧会出现颗粒沉积。

第3章　萃取技术

3.1　概述

萃取是利用液体或超临界流体为溶剂提取原料中目标产物的分离纯化操作，所以，萃取操作中至少有一相为流体，一般称该流体为萃取剂。

以液体为萃取剂时，如果含有目标产物的原料也为液体，则称此操作为液-液萃取；如果含有目标产物的原料为固体，则称此操作为液-固萃取或浸取。

以超临界流体为萃取剂时，含有目标产物的原料可以是液体，也可以是固体，称此操作为超临界流体萃取。

另外，在液-液萃取中，根据萃取剂的种类和形式的不同又分为有机溶剂萃取（简称溶剂萃取）、双水相萃取、液膜萃取和反胶团萃取等。

从萃取机制来看，可以分为两种萃取方式，即物理萃取和化学萃取。

(1)物理萃取。利用溶剂对待分离组分有较高的溶解能力而进行的萃取。

(2)化学萃取。溶剂首先有选择性地与溶质化合或者络合，形成新的化合物或者络合物，从而在两相中重新分配而达到分离。

3.2　溶剂萃取技术

3.2.1　溶剂萃取的原理

溶剂萃取以溶质在基本不相混溶的两相溶剂中的溶解度不同（分配系数差异）为基础，其基本过程如图3-1所示。

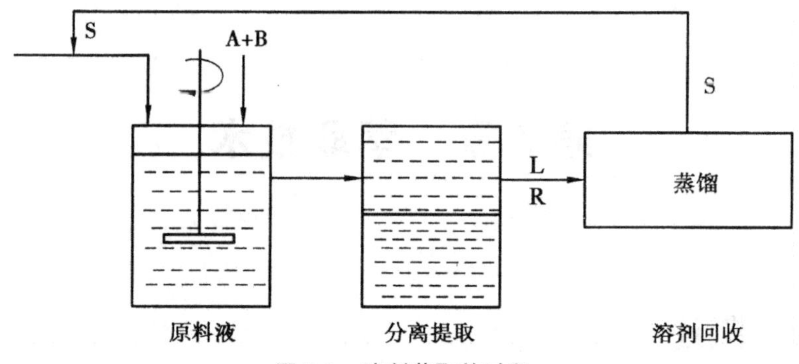

图 3-1 溶剂萃取的过程

原料液中含有 A 和 B 两种溶质，将一定量的萃取剂 S 加入原料液中，然后进行搅拌，使原料液与萃取剂充分混合，溶质可通过相界面由原料液向萃取剂中扩散。搅拌停止后，当达到溶解平衡时，两液相因密度不同而出现分层。上层为轻相，即萃取相，用字母 L 表示，它是以萃取剂为主，并溶有较多的目的组分 A，同时含有少量的组分 B；下层为重相，即萃余相，用字母 R 表示，它是以原溶剂为主，含有较多的 B 组分，且含有未被萃取完全的 A 组分。

溶剂萃取是溶质在互不相溶的两种液相之间进行分配的过程，溶质在两相中的分布服从分配定律。即在一定温度、压力下，某组分在互相平衡的 L 相与 R 相中的组成之比称为该组分的分配系数，以 K 表示，即

$$K_A=\frac{\text{溶质 A 在 L 相中的浓度 } Y_A}{\text{溶质 A 在 R 相中的浓度 } X_A} \tag{3.1}$$

$$K_B=\frac{\text{溶质 B 在 L 相中的浓度 } Y_B}{\text{溶质 B 在 R 相中的浓度 } X_B} \tag{3.2}$$

K 值反映了被萃取组分在两相中的分配情况，K 值越大，说明萃取剂对溶质的萃取效果越好。对于 A 和 B 两种溶质，两者的 K 值相差越大，说明萃取剂对两种溶质的选择性分离越好，选择性可用分离因素 β 来表征：

$$\beta=\frac{K_A}{K_B} \tag{3.3}$$

如果 $\beta>1$，说明组分 A 在萃取相中的相对含量比萃余相中的高，即组分 A 和 B 得到了一定程度的分离。显然，K_A 值越大、K_B 值越小，β 就越大，组分 A 和 B 的分离也就越容易，相应的萃取剂的选择性也就越高，则完成分离任务所需的萃取剂用量也就越少，相应的用于回收溶剂操作的能耗也就越低。

如果 $\beta=1$，表示 A 和 B 两组分在 L 相和 R 相中分配系数相同，不能用萃取的方法对 A 和 B 进行分离。

另外，式(3.1)～式(3.3)有一定的适用范围：

(1)应为稀溶液。

(2)被萃取组分对溶剂的相互溶解性没有影响。

(3)被萃取组分在两相中必须是同一类型的分子，即不发生缔合或解离。

在发酵工业生产中，常用的萃取相是有机相，萃余相是水相，对部分常见的发酵产物进行萃取操作，试验测定的 K 值见表 3-1。

表 3-1　部分发酵产物萃取系统中的 K 值

溶质类型	溶质名称	萃取剂-溶剂	分配系数 K	备注
氨基酸	甘氨酸	正丁醇-水	0.01	操作温度为 25℃
	丙氨酸		0.02	
	赖氨酸		0.02	
	谷氨酸		0.07	
	α-氨基丁酸		0.02	
	α-氨基己酸		0.3	
抗生素	红霉素	乙酸戊酯-水	120	—
	短杆菌肽	苯-水	0.6	—
		氯仿-甲醇	17	—
	新生霉素	乙酸丁酯-水	100	pH 7.0
			0.01	pH 10.5
	青霉素 F	乙酸戊酯-水	32	pH 4.0
			0.06	pH 6.0
	青霉素 G	乙酸戊酯-水	12	pH 4.0
酶	葡萄糖异构体酶	PEG1550-磷酸钾	3	4℃
	富马酸酶	PEG1550-磷酸钾	0.2	4℃
	过氧化氢酶	PEG-粗葡聚糖	3	4℃

3.2.2　溶剂萃取的流程

工业生产中常见的萃取流程有单级萃取流程、多级错流萃取流程和多级逆流萃取流程。

1. 单级萃取流程

单级萃取是溶剂萃取中最简单的操作形式，一般用于间歇操作，也可以进行连续操作，如图 3-2 所示。原料液 F 与萃取剂 S 一起加入萃取器内，并用搅拌器加以搅拌，使两种液体充分混合，然后将混合液引入分离器，经静置后分层，萃取相 L 进入回收器，经分离后获得萃取剂和产物，萃余相 R 送入溶剂回收设备，得到萃余液和少量的萃取剂。萃取剂可循环使用。

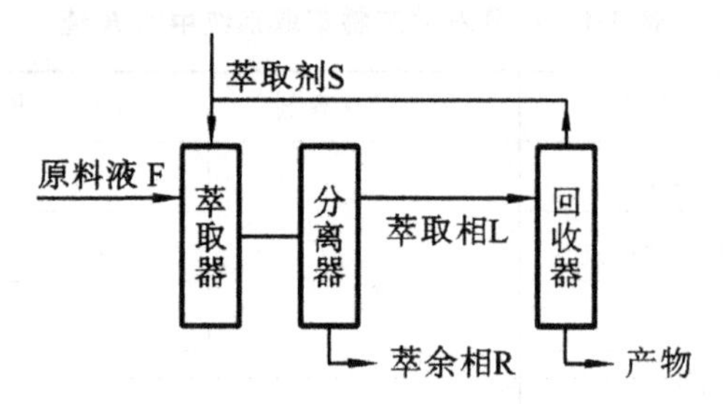

图 3-2 单级萃取流程

单级萃取操作不能对原料液进行较完全的分离，萃取液浓度不高，萃余液中仍含有较多的溶质。单级萃取流程简单，操作可以间歇，也可以连续，特别是当萃取剂的分离能力大、分离效果好或工艺对分离要求不高时，采用此种流程较为合适。

2. 多级错流萃取流程

多级错流萃取流程是由多个萃取器(包括混合器与分离器)串联组成。原料液经第一级萃取后分成两相，萃余相依次流入下一级萃取器，再用新鲜萃取剂继续萃取，萃取相则分别由各级排出，如图 3-3 所示。

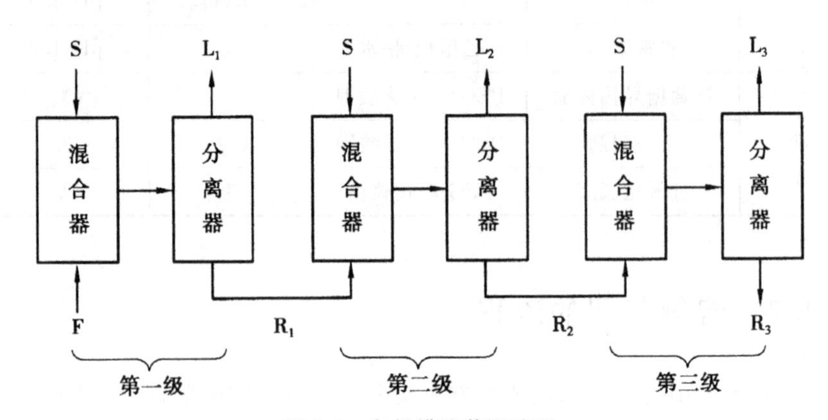

图 3-3 多级错流萃取流程

在多级错流萃取中，由于新鲜萃取剂分别加入各级萃取器中，故萃取推动力较大，因而萃取效率高。但萃取剂用量较大，萃取液中产物的浓度较低，需要消耗较多的能量回收溶剂。

3. 多级逆流萃取流程

如图 3-4 所示为多级逆流萃取流程。原料液 F 从第 1 级加入，依次经过各级萃取，成为各级的萃余相，其溶质 A 含量逐级下降，最后从第 N 级流出；萃取剂则从第 N 级加入，依次通过各级与萃余相逆向接触，进行多次萃取，其溶质含量逐级提高，最后从第 1 级流出。最终的萃取相 L_1 送至溶剂分离装置中分离出产物和溶剂，溶剂循环使用；最终的萃余相 R_1 送至溶剂回收装置中分离出溶剂 S 供循环使用。

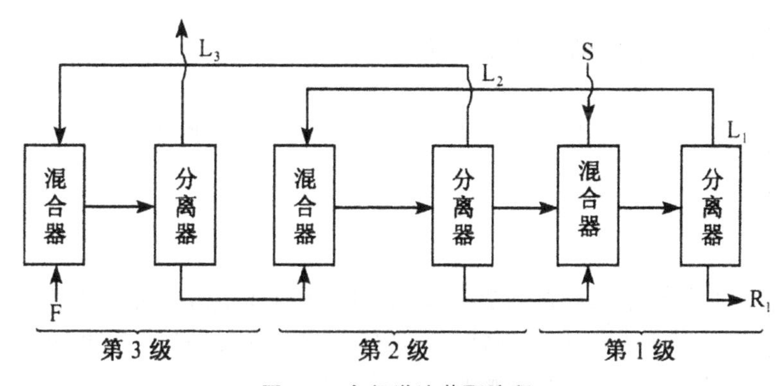

图 3-4　多级逆流萃取流程

多级逆流萃取可获得含溶质浓度很高的萃取液和含溶质浓度很低的萃余液，而且萃取剂的用量少，因而在工业生产中得到广泛的应用。特别是以原料液中两组分为过程产品，且工艺要求将混合液进行彻底分离时，采用多级逆流萃取更为合适。

3.2.3　萃取剂的选择

溶剂萃取中，萃取剂通常是有机溶剂。根据目标产物以及与其共存杂质的性质选择合适的有机溶剂，可使目标产物有较大的分配系数和较高的选择性。选择原则如图 3-5 所示。

萃取剂的选择原则
- 选用的溶剂必须具有较高选择性，各种溶质在所选的溶剂中之分配系数差异越大越好
- 与水相有较大的密度差，并且黏度小，表面张力适中，相分散和相分离较容易
- 与水相不互溶
- 不与目标产物发生反应溶剂萃取操作
- 容易回收和再利用
- 毒性低、腐蚀性小、闪点低、使用安全
- 价廉易得

图 3-5　萃取剂的选择原则

3.2.4　溶剂萃取的影响因素

影响溶剂萃取的因素主要有 pH、温度、时间、盐析作用、乳化与去乳化等。

1. pH

不论是物理萃取还是化学萃取，水相 pH 对弱电解质分配系数均具有显著影响。物理萃取时，弱酸性电解质的分配系数随 pH 降低（即氢离子浓度增大）而增大，而弱碱性电解质则正好相反。

2. 温度

温度也是影响溶质分配系数和萃取速度的重要因素。选择适当的操作温度，有利于目标产物的回收和纯化。但由于生物产物在较高温度下不稳定，故萃取操作一般在常温或较低温度下进行。

3. 时间

为了减少生物产物在萃取过程中的破坏和损失，应尽量缩短萃取操作的时间。这就需要配备混合效率高的混合器及高效率的分离设备，并保持设备处于良好的工作状态，避免在萃取过程中发生故障，延长操作时间。

4. 盐析作用

无机盐的存在可降低溶质在水相中的溶解度，有利于溶质向有机相中

分配，如萃取维生素 B_{12} 时加入硫酸铵，萃取青霉素时加入氯化钠等。但盐的添加量要适当，以利于目标产物的选择性萃取。

5. 乳化与去乳化

生物样品原料液经预处理后，虽能除去大部分非水溶性的杂质和部分水溶性杂质，但残留的杂质（如蛋白质等）具有表面活性，在进行溶剂萃取时易引起乳化，使有机相与水相难以分层，即使用离心机往往也不能将两相完全分层。如果有机相中夹带有水相，会使后续操作变得困难；而如果水相中夹带有机相，则意味着产物的损失。因此，在萃取过程中防止乳化和破乳化是非常重要的步骤。

发生乳化时，一种液体以微小液滴形态分散在另一种不相溶的液体中所形成的分散体系即乳状液。乳状液一般可分成“水包油（O/W）”和“油包水（W/O）”两种类型。在生物萃取中，主要是由蛋白质引起的 O/W 型乳状液，其平均粒径为 2.5～3.0 nm。萃取操作中可采用的去乳化方法主要有以下几种。

（1）加热。升高温度可使蛋白质胶粒絮凝速度加快，并能降低黏度，促使乳化消除。但此法仅适用于非热敏性的产物。

（2）加入电解质。利用电解质来中和乳状液分散相所带的电荷而促使其发生聚沉，同时增加两相的密度差，也便于两相分离。常用的电解质有氯化钠与硫酸铵。

（3）吸附过滤。将乳状液通过一层多孔性介质（如碳酸钙或无水碳酸钠）进行过滤，由于乳状液中的溶剂相与水相对此介质润湿性不同，其中水分可被吸附而去乳化。

（4）加入去乳化剂。加入去乳化剂是目前最常用的破乳化方法。去乳化剂即破乳剂，也是一种表面活性剂，它具有相当的表面活性，因此能顶替界面上原来的乳化剂。但由于破乳剂的碳氢链很短，或具有分支结构，不能在相界面上紧密排列成牢固的界面膜，从而使乳状液体的稳定性大大降低，达到去乳化的目的。生产中常用的去乳化剂有十二烷基磺酸钠（SDS）、溴代十五烷基吡啶（PPB）、十二烷基三甲基溴化铵（DTAB）等。

去乳化剂的用量一般为 0.01%～0.05%。其中十二烷基三甲基溴化铵目前已用于青霉素的提取中，其特点是在破乳离心时，能使蛋白质留在水相底层，相面清晰，不仅去乳化效果好，而且还能提高产品质量。

3.2.5 萃取设备

根据萃取流程,萃取操作的设备包括以下几类。

1. 混合设备

混合设备主要有以下几种。

(1)搅拌罐。经典的混合设备,利用搅拌作用将原料液和萃取剂混合,结构简单、操作方便,不足是间歇操作、停留时间长、传质效率较低。

(2)管式混合器。使两相液体以一定流速在管道中形成湍流状态,达到混合的目的,效率高于搅拌罐,能够连续加工。

(3)喷嘴式混合器。工作流体在一定压力下经过喷嘴以高速射出,当流体流至喷嘴时速度增大,压力降低而产生真空区,将第二种液体吸入达到混合的目的。体积小、结构简单与使用方便是其优点,但也存在产生的压力差小、功率低及会使液体稀释等缺点,应用受一定限制。

(4)气流搅拌混合罐。将空气通入液体介质,借鼓泡作用发生搅拌。方法简单,适用于化学腐蚀性强的液体,不适用于挥发性强的液体。

2. 分离设备

溶剂萃取中,两相液体因其比重不同,在离心力作用下能实现较好分离,目前使用的离心设备有以下几种。

(1)碟片式离心机。转速在 4 000~6 000 r/min 范围内。

(2)筒式离心机。转速在 10 000 r/min 以上。

(3)倾析式离心机。主要用于固体含量较多的发酵液。

3. 回收设备

萃取中的回收设备实际上是化工单元操作中的蒸馏设备。

4. 兼有混合与分离功能的设备

该种设备主要有转筒式离心萃取器、卢威式离心萃取器和薄膜萃取器。另外,化工行业的萃取设备,如混合澄清器、萃取塔类(喷洒塔、填料塔、筛板塔等)在生物技术行业中也有一定的应用。

选择萃取设备时应考虑的各种因素见表 3-2。

表 3-2　萃取设备的选择原则

考虑因素		混合澄清器	喷洒塔	填料塔	筛板塔	转盘塔	脉冲筛板塔 振动筛板塔	离心萃取器
工艺条件	需理论级数多	△	×	△	△	○	○	△
	处理量大	△	×	×	△	○	×	×
	两相流量比大	○	×	×	×	△	△	○
系统费用	密度差小	△	×	×	×	△	△	○
	黏度高	△	×	×	×	△	△	○
	界面张力大	△	×	×	×	△	△	○
	腐蚀性高	×	○	○	△	△	△	×
	有固体悬浮物	○	○	×	×	○	△	×
设备费用	制造成本	△	○	△	△	△	△	×
	操作费用	×	○	○	○	△	△	×
	维修费用	△	○	○	△	△	△	×
安装现场	面积有限	×	○	○	○	○	○	○
	高度有限	○	×	×	×	△	△	○

注　○表示适用；△表示可以选用；×表示不适用。

3.3　双水相萃取技术

双水相萃取是新型的分离技术之一，它是利用物质在互不相溶的两个水相之间分配系数的差异实现分离的方法。

3.3.1　双水相体系的形成

在一定条件下，两种亲水性的聚合物水溶液相互混合，由于较强的斥力或空间位阻，相互间无法渗透，可形成双水相体系。

1. 高聚物-高聚物(双聚合物)双水相的形成

在普遍情况下，若两种亲水性聚合物混合溶于水中，低浓度时可以得到均匀单相液体体系，随着各自浓度的增加，溶液会变得混浊，当各自达到一定浓度时，就会产生互不相溶的两相，高聚物分别溶于互不相溶的两相中，两相中都以水分为主，从而形成高聚物-高聚物双水相体系。只要两种聚合物水溶液的水溶性有一定差异，混合时就可发生相分离，并且水溶性差别越大，相分离倾向也就越大。通常认为，当两种不同结构的高分子聚合物之间的排斥力大于吸引力时，聚合物就会发生分离；当达到平衡时，即形成分别富含不同聚合物的两相，也即形成双水相体系。

2. 高聚物-低相对分子量化合物双水相的形成

聚合物溶液与一些无机盐溶液相混合时，只要达到一定的浓度范围，也可以形成双水相。例如，聚乙二醇（PEG）/磷酸钾、PEG/磷酸铵、PEG/硫酸钠等，常用于生物产物的双水相萃取，PEG/无机盐双水相体系的上相富含 PEG，下相富含无机盐。

部分常用的双水相体系见表 3-3。

表 3-3　常用的双水相体系

聚合物 1	聚合物 2 或盐	聚合物 1	聚合物 2 或盐
葡聚糖	聚丙二醇 聚乙二醇 乙基羟乙基纤维素 羟丙基葡聚糖 聚乙烯醇 聚乙烯吡咯烷酮	聚乙二醇	聚乙烯醇 聚乙烯吡咯烷酮 聚蔗糖 硫酸镁 硫酸铵 硫酸钠
羟丙基葡聚糖	甲基纤维素 聚乙烯醇 聚乙烯吡咯烷酮	聚丙二醇	聚乙二醇 聚乙烯醇 聚乙烯吡咯烷酮 羟丙基葡聚糖 甲基聚丙二醇

双水相体系的选择原则必须有利于目的产物的萃取和分离，同时又要兼顾到聚合物的物理性质。如甲基纤维素和聚乙烯醇，因其黏度太高而限制了它们的应用。PEG 和葡聚糖因其无毒性和具有良好的可调性，因而得到了广泛应用。

3.3.2　双水相萃取的原理

双水相系统萃取属于液-液萃取范畴，其基本原理仍然是依据物质在两相间的选择性分配，与水-有机物萃取不同的是萃取系统的性质不同。当物质进入双水相体系后，由于表面性质、电荷作用和各种力的存在和环境的影响，使其在上、下相中进行选择性分配，从生物转化介质(发酵液、细胞碎片匀浆液)中将目标蛋白质分离在一相中，回收的微粒(细胞、细胞碎片)和其他杂质性的溶液(蛋白质、多肽、核酸)在另一相中。其分配规律服从能斯特分配定律：

$$K=\frac{c_T}{c_B}$$

式中：c_T 为上相溶质的浓度，mol/L；c_B 为下相溶质的浓度，mol/L。

通常来说，分配系数 K 为常数，与溶质的浓度无关，完全取决于被分离物质的本身性质和特定的双水相系统。与常规的分配关系相比，双水相系统表现出更大或更小的分配系数。如各种类型的细胞粒子、噬菌体的分配系数都大于100或小于0.01；酶、蛋白质等生物大分子的分配系数为0.1～10；而小分子盐的分配系数在1.0左右。

3.3.3 双水相萃取的流程

双水相萃取技术的流程主要由三部分构成：目标产物的萃取、PEG的循环和无机盐的循环。

1. 目标产物的萃取

目标产物的萃取流程如图3-6所示。

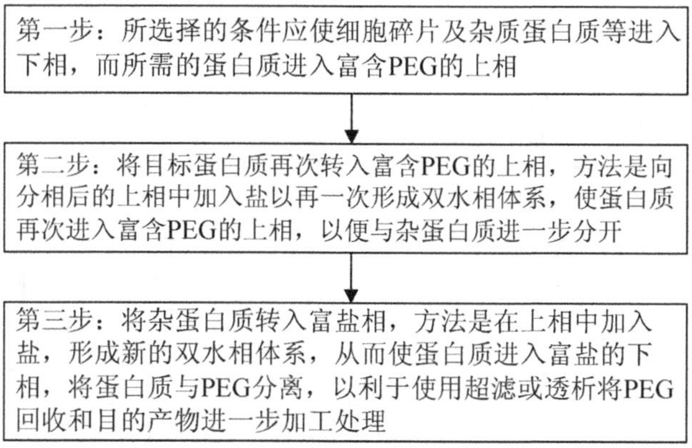

第一步：所选择的条件应使细胞碎片及杂质蛋白质等进入下相，而所需的蛋白质进入富含PEG的上相

↓

第二步：将目标蛋白质再次转入富含PEG的上相，方法是向分相后的上相中加入盐以再一次形成双水相体系，使蛋白质再次进入富含PEG的上相，以便与杂蛋白质进一步分开

↓

第三步：将杂蛋白质转入富盐相，方法是在上相中加入盐，形成新的双水相体系，从而使蛋白质进入富盐的下相，将蛋白质与PEG分离，以利于使用超滤或透析将PEG回收和目的产物进一步加工处理

图3-6 目标产物的萃取流程

2. PEG的循环

在大规模双水相萃取过程中，成相材料的回收和循环使用，不仅可以

减少废水处理的费用，还可以节约化学试剂，降低成本。PEG 的回收方法如图 3-7 所示。

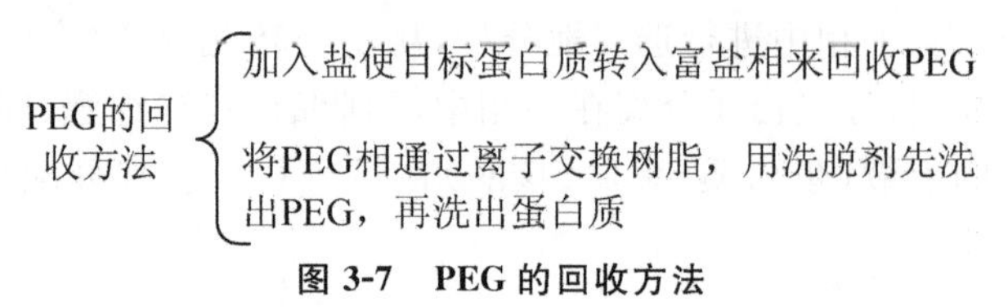

图 3-7 PEG 的回收方法

3. 无机盐的循环

将含无机盐相冷却，结晶，然后用离心机分离收集。除此之外，还有电渗析法、膜分离法回收盐类或除去 PEG 相的盐。

下面以蛋白质的分离为例说明双水相分离过程的流程，如图 3-8 所示。

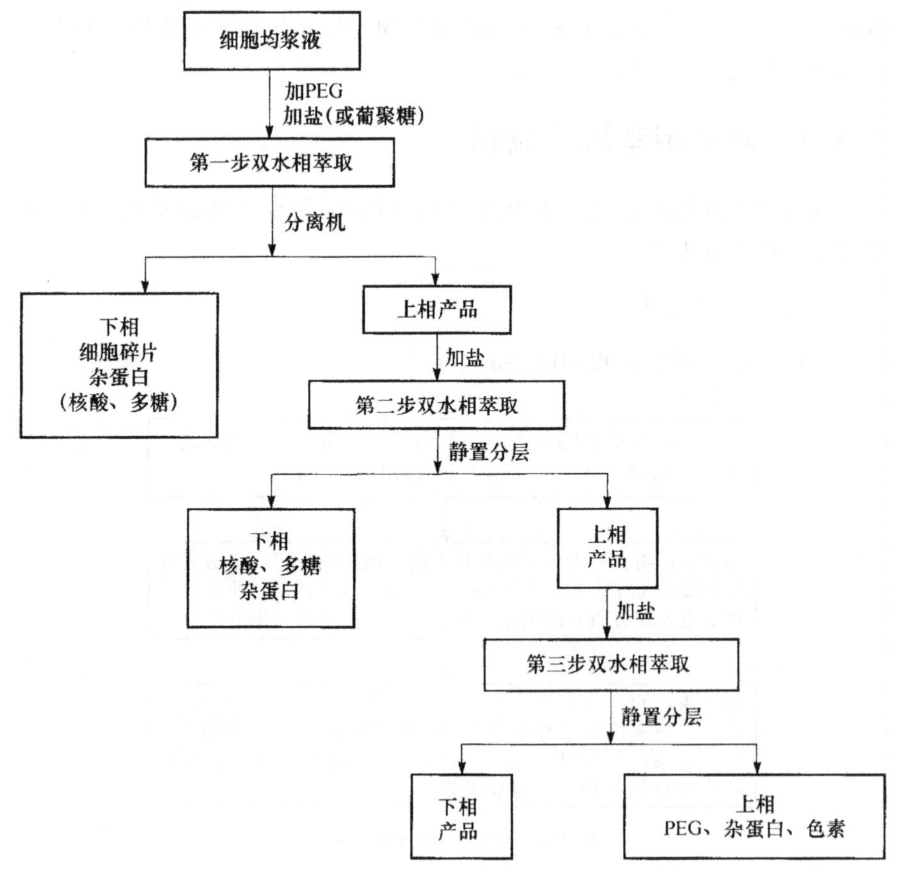

图 3-8 细胞内蛋白质的三步双水相萃取流程

工业生产上一般先用超滤等方法浓缩待处理液体，再用双水相萃取酶和蛋白质,这样能提高对生物活性物质的萃取效率,最后用色谱分离等技术进一步纯化产品。

初期的双水相萃取过程以间歇操作为主,近年来,随着计算机过程控制的引入,提高了生产能力,实现全过程连续操作和自动控制,保证得到活性高、质量均一的产品,也为双水相萃取技术在工业生产上的应用开辟了广泛的前景。

3.3.4 双水相萃取的影响因素

采用双水相萃取进行混合物的分离纯化,目标产物分离系数的大小是关键。对于某一物质,只要选择合适的双水相体系,控制一定的条件,就可以得到合适的(较大的)分配系数,从而达到分离与纯化的目的。然而,物质在双水相体系中的分配系数并不是一个确定的量,影响它的因素很多,主要有组成双水相系统的高聚物平均分子质量和浓度、成相盐的种类和浓度、pH、温度等。

1. 高聚物平均分子质量和浓度

组成双水相系统高聚物的平均分子质量是影响双水相萃取分配系数的最重要因素之一。通常来说,聚合物的疏水性会随分子质量的增大而增大,从而影响蛋白质等亲水性物质的分配。如在PEG/Dx系统中,如果成相高聚物浓度保持不变,当PEG的相对分子质量增大时,其两端的羟基数减少,疏水性增加,这时亲水性蛋白质不再向富含PEG的相中聚集,而转向另一相。

组成双水相系统高聚物浓度是影响双水相萃取分配系数的另一最重要因素。通常来说,蛋白质分子的分配系数在临界点处的值为1,偏离临界点时,它的分配系数值大于1或小于1。也就是说,成相系统的总浓度越高,偏离临界点越远,蛋白质越容易分配于其中的某一相。

以PEG/$(NH_4)_2SO_4$双水相体系萃取糖化酶为例,在$(NH_4)_2SO_4$浓度固定不变的条件下,增加PEG400的浓度有利于酶在上相的分配,当PEG400浓度在25%~27%时,分配系数高达47.3,浓度过高则不利于酶的分配。如果在PEG400浓度固定为26%时,增加$(NH_4)_2SO_4$浓度,糖化酶的分配系数也会增加,但当浓度超过16%时,酶蛋白会因盐析作用过强而产生沉淀,不利于酶的分配萃取。

对于细胞等颗粒物质来说,如果成相系统的总浓度在临界点附近时,其多分配于一相中,而不吸附于界面。但随着成相系统的总浓度增大,界面张力增大，细胞或固体颗粒容易吸附在界面上，给萃取操作带来困难。而对于可溶性蛋白质，这种界面吸附现象却很少发生。

2. 成相盐的种类和浓度

盐的种类和浓度对双水相萃取的影响主要反映在以下两个方面。

(1)由于盐的正负离子在两相间的分配系数不同，两相间形成电势差，从而影响带电生物大分子在两相中的分配。例如，在8%聚乙烯二醇-8%葡聚糖、0.5 mmol/L磷酸钠、pH 6.9的体系中，溶菌酶带正电荷分配在上相，卵蛋白带负电荷分配在下相。当加入浓度低于50 mmol/L的NaCl时，上相电位低于下相电位，使溶菌酶的分配系数增大，卵蛋白的分配系数减小。因此，只要设法改变界面电势，就能控制蛋白质等电荷大分子转入某一相。

(2)当盐的浓度很大时，由于强烈的盐析作用，蛋白质易分配于上相，分配系数几乎随盐浓度成指数增加，此时分配系数与蛋白质浓度有关。不同的蛋白质随盐浓度增加分配系数增大的程度各不相同，因此利用此性质可有效地萃取分离不同的蛋白质。

3. pH

pH会影响蛋白质中可以解离基团的解离度，因而改变蛋白质所带电荷和分配系数。另外，pH也会影响磷酸盐的解离程度，如果改变 $H_2PO_4^-$ 和 HPO_4^{2-} 之间的比例，也会使相间电位发生变化而影响分配系数。pH的微小变化有时会使蛋白质的分配系数改变2～3个数量级。

4. 温度

温度影响成相聚合物在两相的分布，特别在临界点附近，因而也影响分配系数。但是当离临界点较远时，这种影响较小。有时采用较高温度，这是由于成相聚合物对蛋白质有稳定化作用，因而不会引起损失；同时在温度高时，黏度较低有利于相的分离操作。但在大规模生产中，总是采用在常温下操作，从而可节约能耗费用。

3.3.5 双水相萃取的应用实例

1. 分离和提纯各种蛋白质(酶)

双水相技术作为一种生化分离技术，由于其条件温和，易操作，可调节因素多,因而被认为是一种生物下游工程初步分离的单元操作。常用于分离和提纯各种蛋白质(酶)。

例如,利用质量分数15%的PEG1000与质量分数20%的$(NH_4)_2SO_4$组成双水相体系(pH 8),从α-淀粉酶发酵液中分离提取α-淀粉酶和蛋白酶,α-淀粉酶分配系数为19.6,收率为90%;而蛋白酶的分配系数竟然高达15.1,比活率也为原发酵液的1.5倍。

实验结果表明:在利用聚乙二醇-盐体系萃取各种蛋白质(酶)时,酶主要分配在上相,菌体则在下相或界面上。而且,通过向萃取相(上相)中加入适当浓度的$(NH_4)_2SO_4$可使双水相体系两相间固体物质析出量也增加,达到反萃取的效果。

2. 抗生素的分离和提取

从发酵液中提取抗生素,传统工艺路线复杂,能耗高,易变性失活。而采用双水相萃取技术可取得比较理想的效果,这开辟了双水相萃取技术应用的新领域。如工业化生产应用双水相萃取与传统溶剂萃取相结合进行青霉素的分离提取,先以PEG2000-$(NH_4)_2SO_4$体系将青霉素从发酵液中提取到PEG相,后用乙酸丁酯(BA)进行反萃取,再结晶,处理1 000 mL青霉素发酵液可得青霉素晶体7.228 g,纯度84.15%。三步操作总收率为76.56%。与传统工艺相比,免去了发酵液过滤和预处理环节,减轻了劳动强度,将三次调节pH改为一次,减少了青霉素的失活。将三次萃取改为一次,大大减少了溶剂的用量,缩短了工艺流程,显示了双水相萃取技术在抗生素提取中的应用价值。

3. β-干扰素的提取

由于双水相萃取操作条件温和,成相的聚合物对生物活性分子有保护作用,所以特别适用于β-干扰素这类不稳定蛋白质的提取和纯化。利用带电基团或亲和基团的聚乙二醇衍生物如PEG-磷酸酯与盐的系统,可使β-干扰素分配在上相,杂蛋白完全分配在下相,且β-干扰素纯化系数甚至可高达350。目前,这一方法与层析技术相结合而成的双水相萃取-层析联合流程已成功用于生产。

3.4 超临界流体萃取技术

超临界流体萃取技术是20世纪70年代发展起来的一种新的化工分离

技术。主要是利用二氧化碳等流体在超临界状态下的特殊理化性质，对混合物中的某些组分进行提取和分离。

3.4.1 超临界流体

任何一种物质都存在气相、液相和固相 3 种相态，3 种相态可相互转化，如图 3-9 所示。三相成平衡态共存的点叫作三相点，而液、气两相成平衡状态共存的点叫作临界点。在临界点时的温度和压力分别称为临界温度(T_c)和临界压力(p_c)。

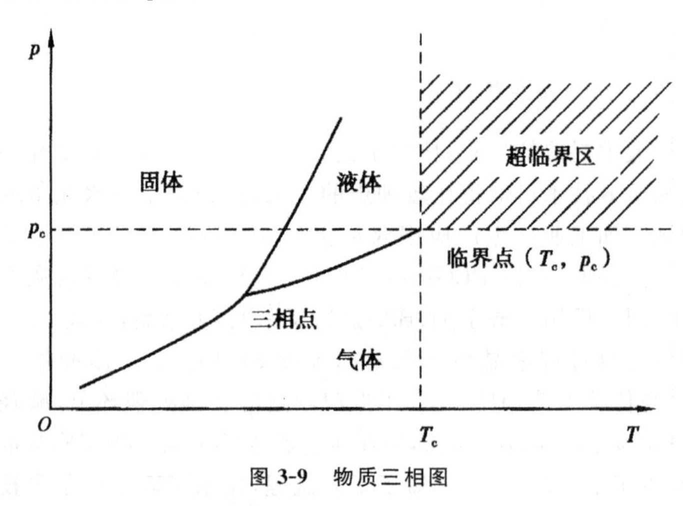

图 3-9 物质三相图

图 3-9 中的临界温度是指高于此温度时，无论施加多大压力也不能使气体液化；临界压力是指在此临界温度下，液体汽化所需的压力。物质在临界点，气体和液体的界面消失，体系性质均一，不再分为气体和液体。当温度超过临界点时，物质处于既不是气体也不是液体的超临界状态，称其为超临界流体。

3.4.2 超临界流体萃取的原理

超临界流体萃取分离过程的原理是利用超临界流体的溶解能力与其密度的关系，即利用压力和温度对超临界流体溶解能力的影响而进行的。

通过实验可知，在超临界区域附近，压力和温度的微小变化，都会引起流体密度的大幅度变化。而溶质在超临界流体中的溶解度大致和流体的密度成正比。若保持温度恒定，增大压力，则超临界流体密度增大，对溶质的萃取能力增强，完成对溶质的溶解；压力减小，超临界流体的密度减小，对溶质的萃取能力减弱，使萃取剂与溶质分离。同样也可保持压力恒定，降低温度，流体密度相对增大，对溶质的萃取能力增强，完成对溶质的溶解；提高温度，流体密度相对减小，对溶质的萃取能力降低，使萃取剂与溶质分离。

由上可知，在进行超临界流体萃取时，首先应使超临界流体与待分离的物质接触，以便可以有选择性地把极性大小、沸点高低和相对分子质量大小的成分依次萃取出来。其次，再通过减压、升温的方法使超临界流体变成普通气体，被萃取物质则完全或基本析出，从而达到分离提纯的目的。也就是说，超临界流体萃取过程是由萃取和分离两部分组合而成的。

3.4.3　超临界流体萃取的流程

超临界流体萃取过程基本上由萃取阶段和分离阶段组成。在萃取阶段，超临界流体将所需萃取的组分从原料中提取出来。在分离阶段，通过改变温度或压力等条件，或应用其他方法将目标组分与超临界流体分离，并使超临界流体循环使用。

下面以技术较为成熟、应用最广泛的超临界 CO_2 流体萃取为例，介绍超临界流体从固体物料中萃取生物活性物质的工艺流程，如图 3-10 所示。

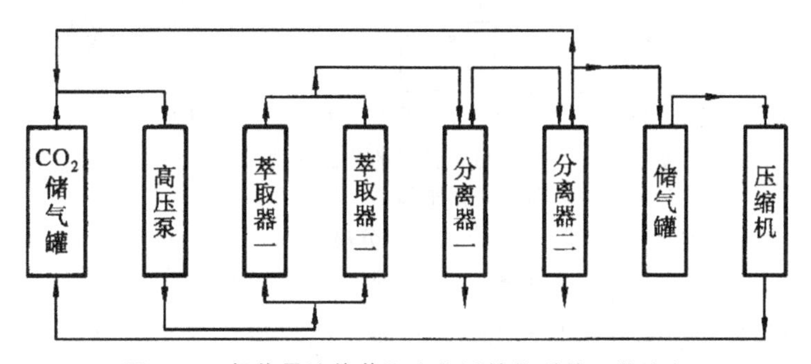

图 3-10　超临界流体萃取生物活性物质的工艺流程

1. 物料的混合

(1)原材料准备。先将待加工的生物性原材料进行粉碎等预处理，再将粉碎后的原材料加入萃取器。

(2)超临界 CO_2 流体制备。储气罐中的液态 CO_2 按设计程序经高压泵调控压力，同时经过温度调整后获得超临界 CO_2 流体，经注入泵将该超临界流体注入萃取器。

(3)超临界流体萃取。在高压和设定温度下，将原材料与超临界流体在萃取器中充分混合，原材料里的可溶性组分包括生物活性物质溶入流体溶剂中。

2. 物料的分离

当流体与生物原料的充分混合物进入分离器后，可通过改变诸如压力、温度等条件，使混合物在不同条件的分离器（分离器一、分离器二）中进行分级分离。在初级分离中去除来自原材料的不溶性残渣和粗颗粒，溶入流体溶剂中的生物活性物质随流体进入下一级分离器，利用超临界流体的溶解能力与其密度的关系，即利用压力和温度对超临界流体溶解能力的影响，通过调整压力和温度以使其有选择性地把极性大小、沸点高低和相对分子质量大小不同的成分依次分离出来，使目标生物活性物质成分与其他成分进一步分离，收取目标生物活性物质成分。常用的分离方法有三种，如图 3-11 所示。

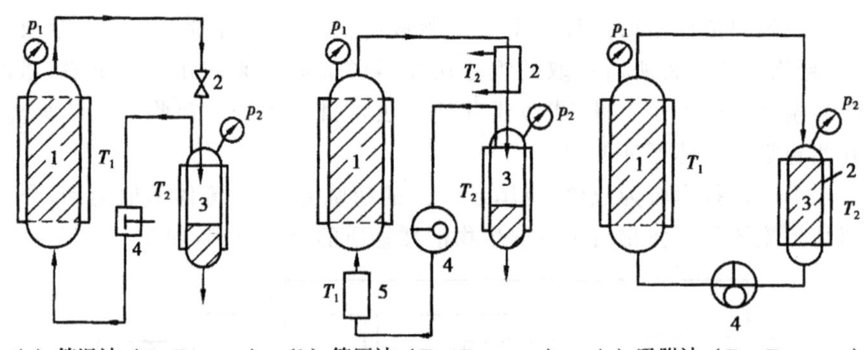

(a) 等温法（$T_1=T_2, p_1>p_2$） (b) 等压法（$T_1<T_2, p_1=p_2$） (c) 吸附法（$T_1=T_2, p_1=p_2$）

图 3-11 常用的分离方法

(a)1—萃取器；2—膨胀阀；3—分离器；4—压缩机

(b)1—萃取器；2—加热器；3—分离器；4—泵；5—冷却器

(c)1—萃取器；2—吸附剂；3—分离器；4—泵

(1)等温法。操作温度保持不变，通过改变操作压力实现溶质的萃取和回收。溶质在萃取器中被高压流体萃取后，流体经过膨胀阀而压力下降，溶质的溶解度降低，在分离器中析出，萃取剂则经压缩机压缩后返回萃取器循环使用。在超临界流体的膨胀和压缩过程中会产生温度变化，所以在循环流路上需设置换热器。

(2)等压法。操作压力保持不变，通过改变操作温度实现溶质的萃取和回收。如果在操作压力下，溶质的溶解度随温度升高而下降，则萃取流程须经加热器加热后进入分离器，析出目的产物，萃取剂则经冷却器冷却后返回萃取器循环使用。

(3)吸附法。利用选择性吸附目的产物的吸附剂回收目的产物，有利于提高萃取的选择性。

3．CO_2 流体的回收

当饱含溶解物的超临界 CO_2 流体流经分离器时，压力下降使得 CO_2 与萃取物迅速成为两相（气、液分离）而立即分开，萃取后的超临界流体回输至 CO_2 储气罐，汽化部分经尾气收集器收集，然后经压缩机加压液化回输至 CO_2 储气罐，即完成一次超临界流体萃取工艺流程。

由于天然产物组成复杂，单独采用超临界流体萃取技术满足不了对产品纯度的要求，为此又开发了超临界流体萃取技术与其他分离手段联合应用的工艺技术。例如，超临界流体萃取和精馏联用、超临界流体萃取与尿素包合技术联用、超临界流体萃取与色谱分离联用等。

（1）超临界流体萃取和精馏联用。其特点是将超临界流体萃取与精密分馏相结合。在萃取的同时将产物按其性质和沸程分成若干个不同的产品。如图3-12所示，具体工艺是采用填有多孔不锈钢填料的高压精馏塔代替分离釜，沿精馏塔高度有不同控温段。新流程中萃取产物在分离解析的同时，利用塔中的温度梯度，改变 CO_2 流体的溶解度，使较重组分凝析而形成回流，产品各馏分沿塔高进行气-液平衡交换。例如，在鱼油精制中，采用该技术可制得纯度达到90%以上的二十碳五烯酸（EPA）和二十二碳六烯酸（DHA）产品。

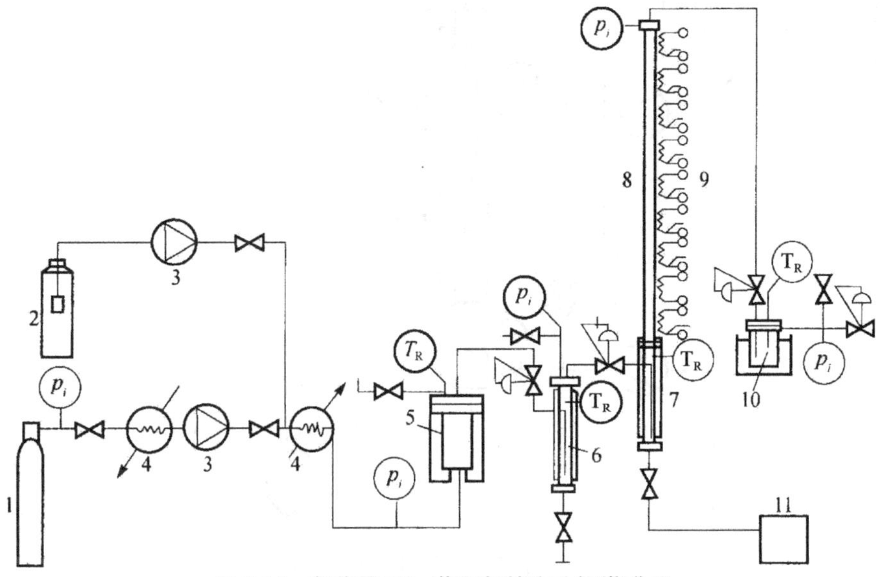

图3-12　超临界 CO_2 萃取与精密分馏塔联用

1—CO_2 储罐；2—提携剂罐；3—加压泵；4—热交换器；5—萃取釜；6—第一分离器；7—第二分离器；8—精馏塔；9—分段电热器；10—塔顶分离器；11—塔底罐；p_i—压力记录；T_R—对地温度

(2)超临界流体萃取与尿素包合技术联用(超临界流体萃取结晶法)。利用尿素可与脂肪酸化合物形成包合物,而且分子结构和不饱和度不同的化合物与尿素的包合程度也不同。利用这一特性可实现组分的分离,如从鱼油中提纯 EPA 和 DHA。

(3)超临界流体萃取与色谱分离联用。超临界流体萃取与色谱分离联用,例如,从向日葵种子中提取维生素 E 时,同硅胶吸附柱联用。

固相物料的超临界 CO_2 流体萃取只能采用间歇式操作,影响了生产效率和该技术的推广应用,与之相比较,液相物料超临界 CO_2 流体萃取可实现连续操作以及萃取过程和精馏过程一体化,提高了生产效率和产品纯度,降低了生产成本。液相物料连续逆流式萃取塔如图 3-13 所示。

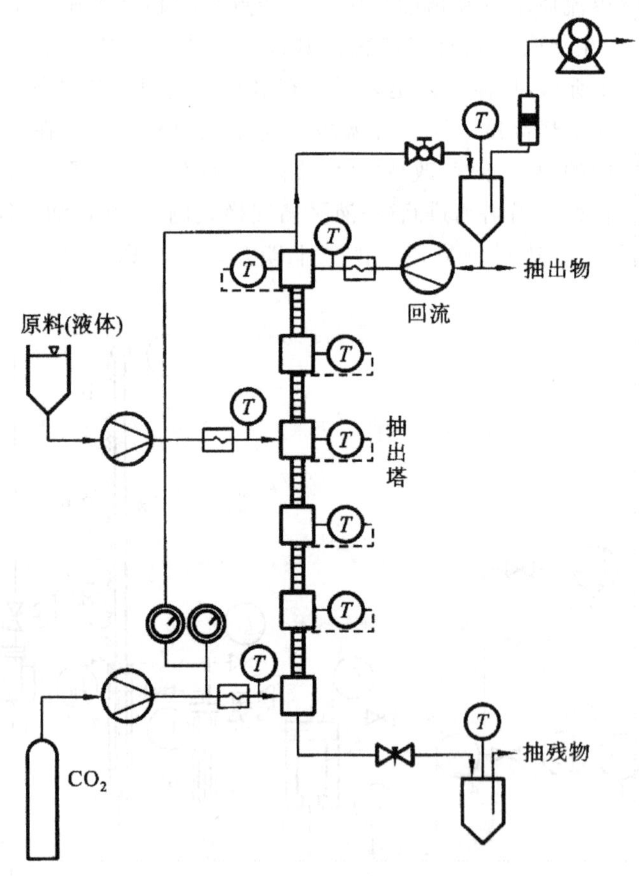

图 3-13 液相物料连续逆流式萃取塔

液相物料经泵连续进入分离塔中间进料口,CO_2 流体经加压、调节温度后连续从分离塔底部进入。分离塔由多段组成,内部装有高效填料,为了提高回流的效果,控制塔段温度从塔顶到塔底逐渐降低。高压 CO_2 流体与被分离原料在塔内逆流接触,被溶解组分随 CO_2 流体上升,由于塔温升高形成内回流,提高回流液的效率。已萃取溶质的 CO_2 流体在塔顶流出,经降压解吸出萃取物,萃取残液从塔底排出。该装置可有效用于超临界 CO_2 流体萃取和精馏分离过程,达到进一步分离与纯化的目的。

3.4.4　超临界流体萃取的影响因素

超临界流体萃取的影响因素主要有以下几个方面。

1. 压力

压力是超临界流体萃取最重要的参数之一,萃取温度一定时,压力增大,流体密度增大,溶剂强度增强,溶剂的溶解度就增大。对于不同的物质,其压力有很大的不同。

2. 温度

温度对萃取的影响主要体现在两个方面:一是温度降低,溶解能力增大;二是温度降低,可能会导致溶质在超临界流体中的溶解度降低。因此,在等压萃取中,溶质有最适萃取温度。另外,根据超临界流体的性质,温度控制在临界点附近最为经济。

3. 颗粒度

粒度大小可影响提取回收率,通常来说,粒度小有利用 CO_2 超临界流体萃取。减小样品粒度,可增加固体与溶剂的接触面积,从而使萃取速度提高。但是,粒度如果太小、太细,会使筛孔堵塞,还会造成萃取器出口过滤网的堵塞。

4. 萃取剂

CO_2 超临界流体属于非极性物质。根据“相似相溶”的理论,其对非极性物质的萃取效果较好,为使其对极性物质也具有较好的萃取能力,一般通过添加少量具有一定极性且能与 CO_2 超临界流体互溶的携带剂来增加超临界流体的极性。常用的携带剂有甲醇和乙醇,使用量控制在5%以内。可先与 CO_2 超临界流体混合后通入待萃取原料中,也可直接加入待萃取原料中。

5. 萃取剂流速

萃取剂通过萃取物中的流速越大,传质推动力越大,萃取越完全。但过高的流速,可能会使萃取剂未与原料充分混合接触即已流过,导致能耗增加。

3.4.5 超临界流体萃取设备

超临界流体萃取设备可以分为两种类型,如图3-14所示。

超临界流体萃取装置
- 研究分析型，主要应用于少量物质的分析或为生产提供数据
- 制备生产型，主要是应用于批量或大量生产

图3-14 超临界流体萃取装置的类型

超临界流体萃取生产设备从结构与功能上大体可分为8个系统:萃取剂供应系统、低温系统、高压系统、萃取系统、分离系统、改性剂供应系统、循环系统和计算机控制系统。

由于萃取过程在高压下进行,所以对设备以及整体管路系统的耐压性能要求较高。生产过程实现微机自动控制,可确保系统的安全性和可靠性,并降低运行成本。

成套的超临界流体萃取生产线是工艺、设备、材料、仪表和自动控制等工程技术的综合产物,超临界流体萃取工业设备是工艺、设备、工程、仪表等专业水平的综合体现。

3.4.6 超临界流体萃取的应用实例

超临界流体萃取技术从20世纪50年代初起先后在石油化工、煤化工、精细化工等领域得到应用,目前在食品工业和制药工业中的应用发展迅速。

1. 用超临界 CO_2 萃取啤酒花

超临界 CO_2 萃取啤酒花的主要理论依据是它在液体 CO_2 中的溶解度随着温度强烈地变化。具体的工艺流程如图3-15所示。

首先将非极性的液体 CO_2 泵入装有含酒花软树脂的柱1或柱2中,CO_2 压力控制在5.8 MPa并预冷到7℃,使α-酸萃取率达到最大;接着,萃取液体进入蒸发器中(分离器),CO_2 在40℃左右蒸发,非挥发性物质在蒸发器底部沉积,CO_2 气流用活性炭吸附的办法去污并增压后重新用于萃取,每次循环损耗小于1%。

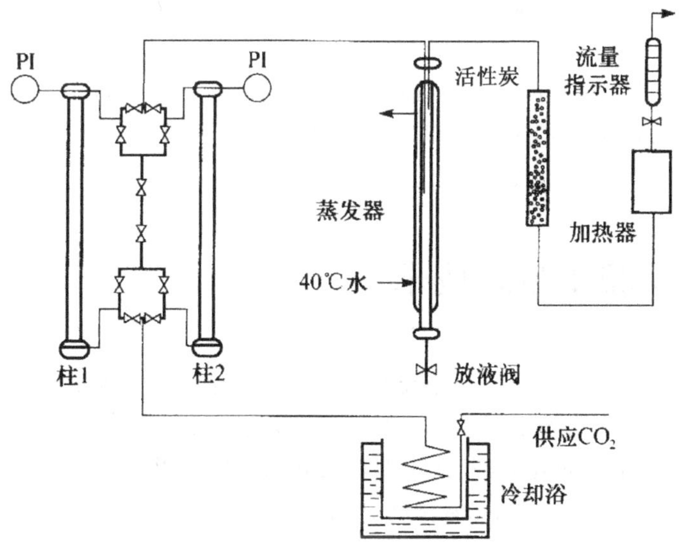

图 3-15　用超临界 CO_2 萃取啤酒花的工艺流程

2. 用超临界 CO_2 萃取咖啡因

咖啡中含有的咖啡因，多饮对人体有害，因此必须从咖啡中除去。工业上传统的方法是用二氯乙烷来提取，但二氯乙烷不仅提取咖啡因，也提取掉咖啡中的芳香物质，而且残存的二氯乙烷不易除净，从而影响咖啡质量。但超临界 CO_2 萃取可以有选择性地直接从原料中萃取咖啡因而不失其芳香味。具体过程如图 3-16 所示。

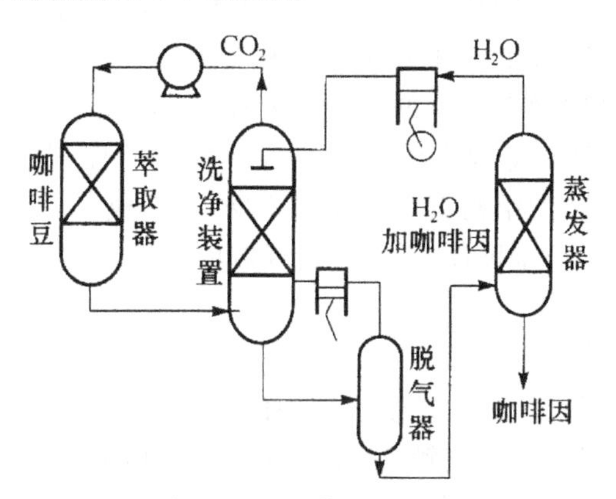

图 3-16　用超临界 CO_2 萃取咖啡因的工艺流程

将浸泡过的咖啡豆置于萃取器中，其间不断有 CO_2 循环通过进行萃取，操作温度为 70～90℃，压强为 16～20 MPa，密度为 0.4～0.65 g/cm^3。

咖啡豆中的咖啡因逐渐被 CO_2 提取出来，带有咖啡因的 CO_2 进入洗净装置，用 70～90℃水洗涤，咖啡因转入水相，CO_2 循环使用。该洗涤水经脱气器脱气后，进入蒸发器，再用蒸馏的方法回收咖啡因。通过萃取，咖啡豆中的咖啡因可以从原来的 0.7%～3%下降到 0.02%以下。在分离阶段也可用活性炭吸附取代水洗。

3.5 反胶团萃取技术

传统的分离方法很难用于蛋白质、氨基酸等物质的提取与分离，原因在于这类物质多数不溶于非极性有机溶剂，或与有机溶剂接触后会引起变性和失活。而 20 世纪 80 年代中期发展起来的反胶团萃取技术解决了上述难题，非常适合于分离纯化氨基酸、肽和蛋白质等生物分子，特别是蛋白质类生物大分子。

3.5.1 反胶团萃取的原理

1. 反胶团的形成

由胶体化学可知，表面活性剂是由亲水憎油的极性基团和亲油憎水的非极性基团组成的两性分子。当其在水溶液中浓度达到一定值后，便可形成极性基团向外，非极性基团向内的含有非极性核心的聚合体，即胶团[图 3-17(e)]。此时表面活性剂的最低浓度称为临界胶团浓度。这个数值可随温度、压力、溶剂和表面活性剂的化学结构而改变，一般为 0.1～1.0 mmol/L；当在有机溶剂中加入超过临界胶团浓度的表面活性剂时，也会形成聚集体，不过这种聚集体的结构正好与胶团相反，即形成一个非极性尾向外，极性头向内的含有水分子极性核，称其为反胶团[图 3-17(f)]。

2. 反胶团中生物分子的溶解

许多生物分子如蛋白质是亲水憎油的，一般仅微溶于有机溶剂。若使蛋白质直接与有机溶剂相接触，往往会导致蛋白质的变性失活。但是在反胶团萃取中，由于在有机溶剂和水相两相间的表面活性剂层，可同邻近的蛋白质分子发生静电吸引而变形，因此，蛋白质及其他亲水物质就能通过整合作用中进入反胶团含有水分子的极性核(即微水相或“水池”)中，由于水层和极性基团的存在，为生物分子提供了适宜的亲水微环境，从而使蛋白质被萃取，且不易变性失活；如果改变水相的 pH、离子种类或强度等条件，又可使蛋白质由有机相重新返回水相，这样就可实现不同性质蛋白质间的分离或浓缩。

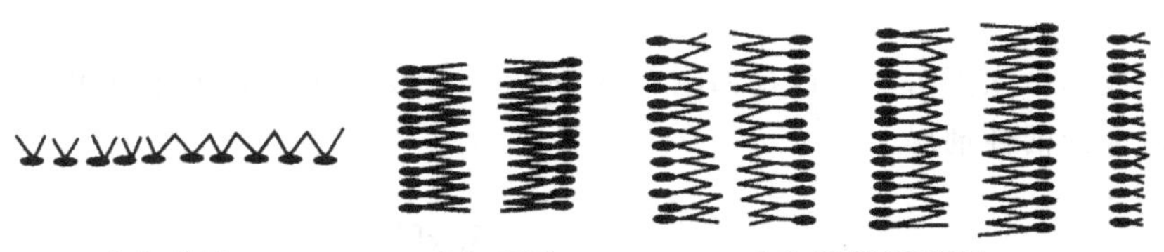

（a）单层　（b）双层　（c）液晶相(薄层)

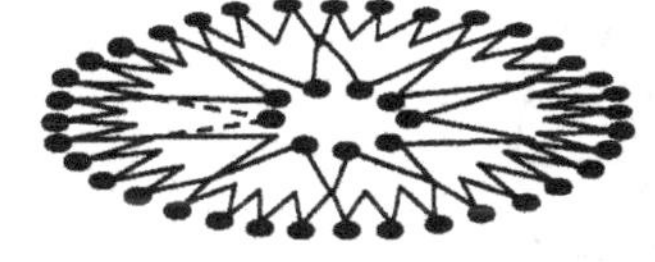

（d）气泡型

（e）水溶液中的微胶团

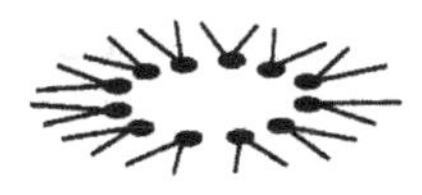

（f）非极性溶剂中的微胶团(反胶团)

图 3-17　表面活性剂在溶液中的不同聚集体

●亲水性头；——疏水性尾

目前对于蛋白质的溶解方式，已先后提出了四种模型，如图 3-18 所示。

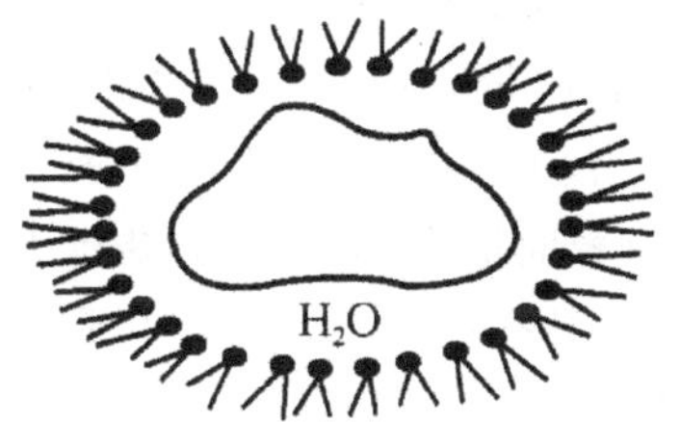

（a）水壳模型

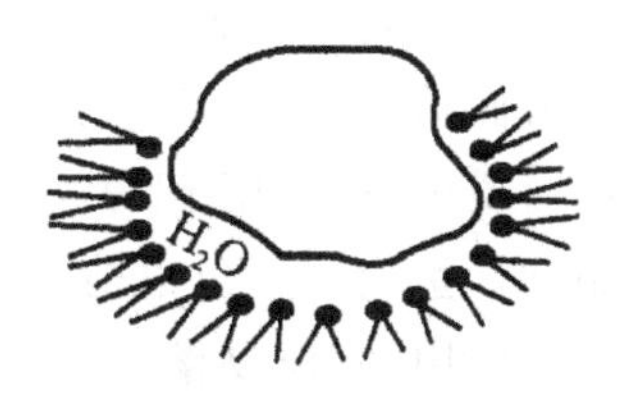

（b）蛋白质中的疏水部分直接与有机相接触

（c）蛋白质被吸附在胶团的内壁上

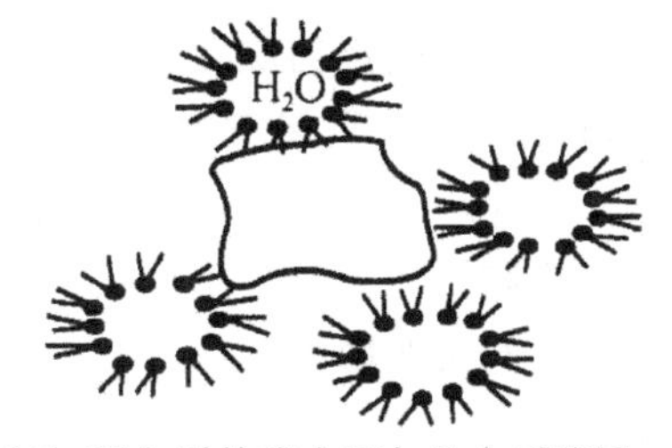

（d）蛋白质的疏水区与几个反胶团的表面活性剂疏水尾发生作用

图 3-18　蛋白质在反胶团中溶解的四种可能模型

图 3-18 所示的四种模型中，现在被多数人所接受的是水壳模型，尤其对于亲水性蛋白质。由图 3-18 可知，在水壳模型中，蛋白质居于“水池”的中心，而此水壳层则保护了蛋白质，使它的生物活性不会改变。

生物分子溶解于反胶团相的主要推动力是表面活性剂与蛋白质的静电相互作用。反胶团与生物分子间的空间阻碍作用和疏水性相互作用对生物分子的溶解度也有重要影响。

3.5.2 反胶团萃取蛋白质的过程

反胶团萃取蛋白质的过程如图 3-19 所示，主要发生在有机相和水相界面间的表面活性剂层。

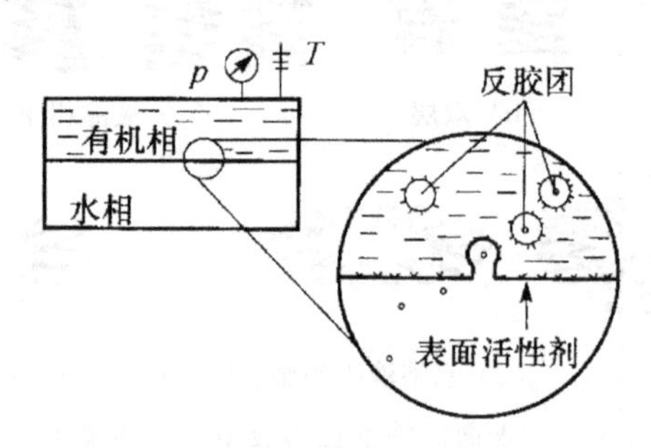

图 3-19 反胶团萃取蛋白质的过程

生物分子溶解于反胶团相的主要推动力是表面活性剂与蛋白质的静电相互作用。阴离子表面活性剂如 AOT 形成的反胶团内表面带负电荷，阳离子表面活性剂如 TOMAC 形成的反胶团表面带正电荷。当水相 pH 偏离蛋白质等电点(用 pI 表示)时。即当 pH<pI 时，蛋白质带正电荷；当 pH>pI 时，蛋白质带负电荷。溶质所带电荷与表面活性剂相反时，由于静电引力的作用，溶质易溶于反胶团，溶解率或分配系数较大。若溶质所带电荷与表面活性剂相同，则不能溶解到反胶团中。

根据不同蛋白质在 AOT 中的溶解度实验，在等电点附近，当 pH<pI 时，即在蛋白质带正电荷的范围内，蛋白质在反胶团中的溶解率接近 100%。

反胶团与生物分子间的阻碍作用和疏水性相互作用对生物分子的溶解度也有重要影响。

3.5.3 反胶团萃取的应用实例

由于反胶团具有优良的特性，其在食品工业、药物、农业化学等领域具有广泛的应用。下面介绍几种反胶团萃取的应用实例。

1. 氨基酸分离

司晶星研究了 AOT/异辛烷反胶团体系对色氨酸进行萃取分离的效

果。实验结果表明：在AOT浓度60 mmol/L、萃取pH为2.0、离子强度为0.1 mol/L；反萃取pH为10、离子强度为1 mol/L的条件下，经过一次萃取，回收率可以达到70%左右。

2. 蛋白质分离

在Aliquat336/异辛烷反胶团分离枯草杆菌中两种酶（淀粉酶和中性蛋白酶）时，通过加入助表面活性剂丁醇，有效地分离了这两种不同等电点的酶。

3. 抗生素分离

美国的Hu等利用二-2-乙基己基磷酸钠（NaDEHP）/异辛烷反胶束体系进行了氨基糖苷类抗生素新霉素和庆大霉素的萃取研究。结果显示：在适当条件下，氨基糖苷类抗生素能被有效萃取至反胶束溶液中，经一步萃取的萃取率可达80%以上。同时，萃取至反胶束相的抗生素也容易被反萃取到二价阳离子（如Ca^{2+}）的水溶液中。

此外，他们还发现抗生素的萃取率在很大程度上受到水相料液中pH及盐浓度的影响。实验结果表明：当水相料液的pH为8.5～11时，新霉素和庆大霉素的萃取率随pH升高而急剧下降；而当水相料液中的$(NH_4)_2SO_4$浓度为0.2 mol/L时，新霉素和庆大霉素的萃取率分别为75%和82%，随着盐浓度增到2 mol/L，萃取率却降为13%和10%。

3.6　固体浸取技术

固体浸取（固-液萃取）是指用溶剂将固体物中的某些可溶组分提取出来，使之与固体的不溶部分分离的过程。被萃取物可能以固体形式存在，也可能以液体形式（如挥发物或植物油）存在。固-液萃取在制药工业中广泛应用，尤其是从中草药等植物中提取有效成分，或是从生物细胞内提取特定成分。

3.6.1　浸取理论

分子扩散理论是浸取技术得以实现的基本理论。其包括以下两种方式。

（1）分子扩散。它是指在相内部有浓度差异的条件下，在静止或滞流流体里凭借分子的无规则运动而造成的物质传递现象。

(2)涡流扩散。它是指凭借流体质点的湍动或旋涡而传递物质的扩散方式。

例如,取一勺蜂蜜放在一杯水中,过一会儿整杯水都有甜味,但杯底的更甜,这是分子扩散的表现;若用勺子搅,很快甜得更快更匀,这便是涡流扩散的效果。也就是说,进行浸取操作时,只有在溶液相中的溶质浓度与固体相中溶液的溶质浓度之间存在一定的差值时,凭借这种浓度差作为推动力,浸取过程才能发生。

根据物料的形态,物质的浸取机理可分为有细胞的固体物料的浸取和无细胞物质的浸取。

对于有细胞的固体物料的浸取来说,其主要是根据分子扩散理论,具体过程如图 3-20 所示。

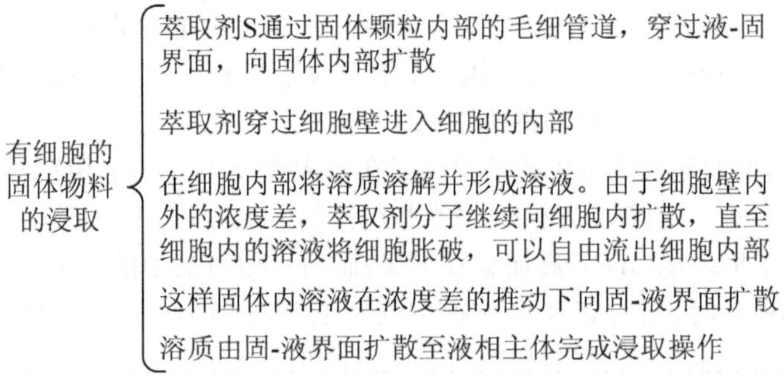

有细胞的固体物料的浸取
- 萃取剂S通过固体颗粒内部的毛细管道，穿过液-固界面，向固体内部扩散
- 萃取剂穿过细胞壁进入细胞的内部
- 在细胞内部将溶质溶解并形成溶液。由于细胞壁内外的浓度差，萃取剂分子继续向细胞内扩散，直至细胞内的溶液将细胞胀破，可以自由流出细胞内部
- 这样固体内溶液在浓度差的推动下向固-液界面扩散
- 溶质由固-液界面扩散至液相主体完成浸取操作

图 3-20　有细胞的固体物料的浸取过程

例如,将人参浸泡于乙醇中,人参的有效成分人参皂苷逐渐溶解于乙醇的过程,就是上述机理的直接体现。

对于无细胞物质的浸取,这个历程就要简单些,具体过程如图 3-21 所示。

根据浸取机理可知,不同物质的扩散速率是不同的,即使是同一物质扩散速率也会随介质的性质、温度、压力和浓度的不同而变。

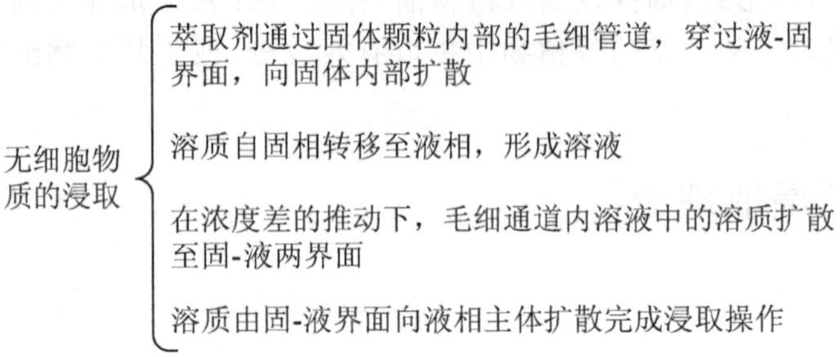

无细胞物质的浸取
- 萃取剂通过固体颗粒内部的毛细管道，穿过液-固界面，向固体内部扩散
- 溶质自固相转移至液相，形成溶液
- 在浓度差的推动下，毛细通道内溶液中的溶质扩散至固-液两界面
- 溶质由固-液界面向液相主体扩散完成浸取操作

图 3-21　无细胞物质的浸取过程

3.6.2　浸取操作

为了使固体原料中的溶质能够很快地接触溶剂，载体的物理性质对于决定是否要进行预处理是非常重要的。预处理包括粉碎、研磨、切片等。动植物的溶质在细胞中，若细胞壁没有破裂，浸取作用是靠溶质通过细胞壁的渗透来进行的，因此细胞壁产生的阻力会使浸取速率变慢。但是，若为了将溶质提取出来，而磨碎破坏细胞壁，这也是不实际的，因为这样将会使一些相对分子质量比较大的组分也被浸取出来，造成了溶质精制的困难。通常工业上是将这类物质加工成一定的形状。

固-液萃取操作主要包括两个过程，分别为不溶性固体中所含的溶质在溶剂中溶解和分离残渣与浸取液。在后一个过程中，往往不溶性固体与浸取液的分离不能完全。因此，为了使浸取残渣中吸附的溶质得以回收，需要反复进行洗涤操作。

3.6.3　浸取方法

浸取方法主要包括浸渍法、煎煮法和渗滤法。

1. 浸渍法

传统上浸渍法常用于制备药酒和酊剂。该法通常是在室温下进行的操作，取适当粉碎的药材，置于有盖容器中，加入规定量的溶剂，密闭浸渍3～5 d或规定的时间，经常搅拌或振摇，使有效成分浸出，倾取上层清液，过滤，压榨残渣，收集压榨液并与滤液合并，静置24 h，过滤即得。

浸渍法是一种最常用的浸出方法，适用于黏性药物、无组织结构的药材、新鲜及易于膨胀的药材。为提高浸渍效果，可采用多次浸渍和提高浸渍温度等方法。浸渍法简便易行，但由于浸出效率差，故对贵重药材和有效成分含量低的药材，或制备浓度较高的制剂时，宜采用重浸渍法或渗滤法。

2. 煎煮法

煎煮是将经过处理的药材，加适量的水加热煮沸2～3次，使其有效成分充分煎出，收集各次煎出液、沉淀或过滤分离异物，低温浓缩至规定浓度，再制成规定的制剂。煎煮前，须加冷水浸泡适当时间，以利于有效成分的溶解和浸出，一般浸泡时间为30～60 min。

3. 渗滤法

渗滤法是向药材粗粉中不断加入浸取溶剂，使其渗过药粉，从下端出口收集流出的浸取液的浸取方法。渗滤法浸出效果优于浸渍法，提取较完全，且省去了分离浸取液的时间和操作。非组织药材，不宜采用渗滤法。

3.6.4 浸取的影响因素

影响浸取的主要因素如下。

1. 固体物料的颗粒度

通常情况下，固体物料的颗粒度越小，浸出速率越快，但原料的粉碎并非越细越好。从生物物料中浸提生物物质前，需先对固体原料进行预处理，以缩短固体或细胞内部溶质分子向其表面扩散的距离，使溶剂易进入细胞内部直接溶解溶质，提高浸取速率。工业上常通过物料干燥、压片、粉碎等方法，对固体物料进行预处理。

2. 溶剂的用量及浸取次数

根据少量多次原则，在定量溶剂条件下，多次提取可以提高浸取的效率。通常来说，第一次提取溶剂的量要超过溶质的溶解度所需要的量。不同的固体物质所用的溶剂用量和浸取次数都需要通过实验决定。

3. 温度

温度升高，常可使固体物料的组织软化、膨胀，促进可溶性有效成分的浸出。但浸取温度升高，会破坏热敏性药物成分，造成挥发性成分的散失，降低收率；同时，温度升高，一些无效成分也容易被浸出，从而影响后序分离及药品质量。

4. 浸取时间

通常来说，浸取时间越长，扩散越充分，越有利于浸取。但当扩散达到平衡后，时间则不起作用，且长时间浸取，杂质会大量溶出，有些苷类也易被在一起的酶所分解。尤其是以水作溶剂时，长期浸泡还会发生霉变，影响浸取液的质量。

5. 浸取压力

提高浸取压力可促进浸润过程的进行，缩短浸取时间。常用两种加压方式，一种是密闭升温加压；另一种是通过加压设备加压，但不升温。浸取的操作温度和压力需慎重选择，一般通过实验确定。

6. 搅拌

搅拌强度越大，越有利于扩散的进行。因此在萃取设备中应增加搅拌、强制循环等措施；提高液体湍动程度，以便进一步提高萃取效率。

7. 溶剂的 pH

根据需要调整萃取剂的 pH，有利于某些有效成分的提取。如用酸性物质提取生物碱，用碱性物质提取皂苷等。

3.6.5　浸取设备

固体浸取设备按其操作方式的不同，可分为间歇式、半连续式和连续式。按固体原料的处理方法不同，可分为固定床、移动床和分散接触式。

在选择设备时，要根据所处理的固体原料的形状、颗粒大小、物理性质、处理难易及其所需费用的多少等因素来考虑。处理量大时，一般考虑用连续化。在浸取中，为避免固体原料的移动，可采用多个固定床，使浸取液连续取出。也可采用半连续式或间歇式。

溶剂用量是由过程条件及溶剂回收与否等条件来决定的。根据处理固体和液体量的比，采用不同的操作过程和设备来解决固-液分离。粗大颗粒固体可由固定床或移动床设备或渗滤器进行浸取。

第4章　固相析出分离技术

4.1　盐析法

通常来说,盐析是指溶液中加入无机盐类而使某种物质溶解度降低而析出的过程。在生物活性物质的制备工艺中,很多物质都可以用盐析法进行分离,如蛋白质、酶、核酸等。但是,由于盐析的共沉作用,决定了其只能与其他提纯方法交替使用,并且主要用于生物物质的粗提阶段。

4.1.1　盐析法的原理

1. 中性盐离子破坏蛋白质表面水膜

产生盐析的原因是大量盐离子自身的水合作用降低了自由水的浓度,使生物分子脱去了水化膜,暴露出疏水区域,由于疏水区域的相互作用,使其沉淀析出。

例如,在蛋白质分子表面分布着各种亲水基团,如—COOH、—NH_2、—OH,这些基团与极性水分子相互作用形成水化膜,包围于蛋白质分子周围形成1～100 nm大小的亲水胶体,削弱了蛋白质分子间的作用力,蛋白质分子表面的亲水基团越多,水膜越厚,蛋白质分子的溶解度也越大。当向蛋白质溶液中加入中性盐时,中性盐对水分子的亲和力大于蛋白质,它会抢夺本来与蛋白质分子结合的自由水,于是蛋白质分子周围的水化膜层减弱乃至消失,暴露出疏水区域,由于疏水区域的相互作用,使其沉淀。如图4-1所示为蛋白质的盐析机理示意图。

2. 中性盐离子中和蛋白质表面电荷

蛋白质分子中含有不同数目的酸性氨基酸和碱性氨基酸,蛋白质肽链中有不同数目的自由羧基和氨基,这些基团使蛋白质分子表面带有一定的电荷,因同种电荷相互排斥,故蛋白质分子彼此分离。当向蛋白质溶液中加入中性盐时,盐离子与蛋白质表面具有相反电荷的离子基团结合形成离子对,因此盐离子部分中和了蛋白质的电性,使蛋白质分子之间的排斥作用减弱而相互聚集起来。

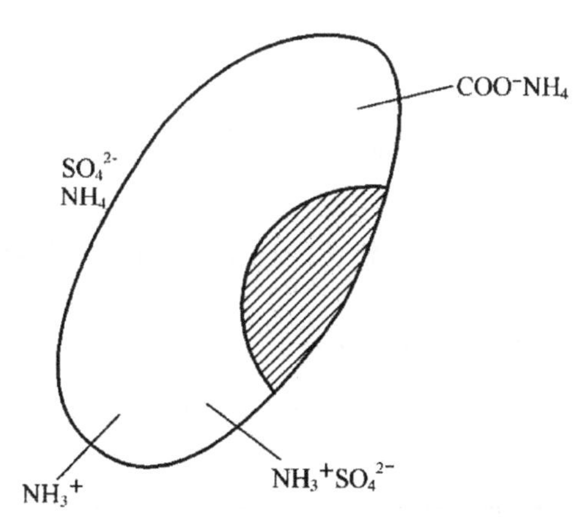

图 4-1　蛋白质的盐析机理示意图

在蛋白质水溶液中加入少量的中性盐时，生物大分子在低盐浓度下溶解度会增加，这种现象称为盐溶(图 4-2)。这是由于低盐时，盐离子与蛋白质分子上极性基团相互作用，增加了蛋白质表面电荷，增强了蛋白质分子与水分子的作用，从而使蛋白质在水溶液中的溶解度增大。当盐浓度升高到一定程度再继续上升时，则呈现盐析现象，这是由于生物大分子表面电荷大量被中和，水化膜被破坏，生物大分子相互聚集而沉淀析出。

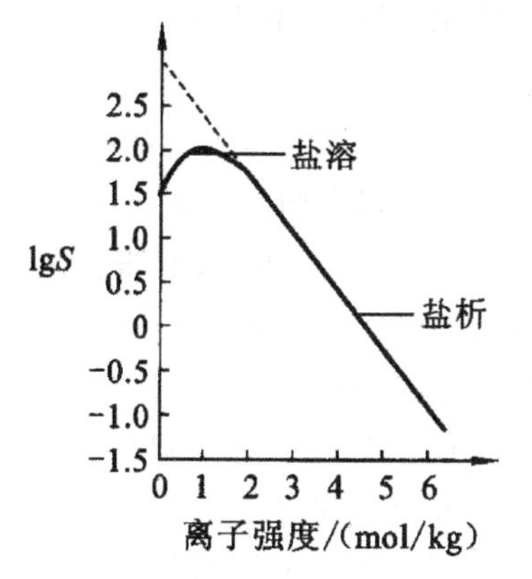

图 4-2　蛋白质溶解度与离子强度的关系

S—蛋白质溶解度

4.1.2　盐析用盐的选择与种类

1. 盐析用盐的选择

选用盐析用盐主要考虑如图 4-3 所示的几个问题。

盐析用盐的选择	(1)盐析作用要强。一般来说，多价阴离子的盐析作用强。 (2)盐析用盐必须要有足够大的溶解度，且溶解度受温度影响应尽可能地小。这样便于获得高浓度盐溶液，有利于操作，尤其是在较低温度下操作，不致造成盐结晶析出，影响盐析结果。 (3)盐析用盐在生物学上是惰性的，不致影响蛋白质等生物大分子的活性。最好不引入给分离或测定带来麻烦的杂质。 (4)来源丰富、经济。

图 4-3 盐析用盐的选择

2. 盐析用盐的种类

盐析法常用的盐类以中性盐居多，主要有硫酸铵、硫酸钠、氯化钠和磷酸钠等。

(1)硫酸铵。盐析法中应用最广泛的盐类是硫酸铵。硫酸铵具有温度系数小而溶解度大的优点(25℃时溶解度为 767 g/L；0℃时溶解度为 707 g/L)，在溶解度范围内，许多蛋白质和酶都可以盐析出来，并且硫酸铵价廉易得，分段效果比其他盐要好，还不容易引起蛋白质变性。高浓度的硫酸铵对细菌具有抑制作用，但是，它具有一定的腐蚀性，因此，使用时必须注意对器皿质地的选用。

硫酸铵浓溶液的 pH 为 4.5～5.5，市售的硫酸铵常含有少量的游离硫酸，pH 往往在 4.5 以下，需用氨水调节后才可使用。

硫酸铵中常含有少量的重金属离子，对蛋白质巯基有敏感作用，使用前必须用 H_2S 处理：将硫酸铵配成浓溶液，通入 H_2S 饱和，放置过夜，用滤纸除去重金属离子，浓缩结晶，100℃烘干后使用。

(2)硫酸钠。硫酸钠在 30℃以下时溶解度较低，30℃以上时溶解度才升高得较快。由于大部分生物大分子在 30℃以上时容易失活，故分离沉淀或提纯时，限制了硫酸钠作为沉淀剂的使用。

(3)氯化钠。氯化钠的溶解度虽不如硫酸铵，但在不同温度下它的溶解度变化不大，这是方便之处，如从 0～100℃，在 100 g 水中氯化钠的溶解度变化为 35.7～39.8 g。

(4)磷酸钠。磷酸钠的盐析作用比硫酸铵好。例如，盐析免疫球蛋白时，用磷酸钠的效果较好。但由于磷酸钠的溶解度太低，且受温度影响大，故实际应用不广泛。

其他不少中性盐类也可以作为盐析用盐，但由于一些客观原因，如价格昂贵、盐析效果差、难以去除等原因，都不如硫酸铵那样应用广泛。

4.1.3　盐析的操作

硫酸铵是盐析中最为常用的中性盐，下面以硫酸铵盐析蛋白质为例介绍盐析操作的过程。

盐析时，将盐加入到溶液中有以下几种方式。

1. 加入饱和硫酸铵溶液法

当原始溶液体积不大，硫酸铵饱和度要求不高时可采用该法。操作时，先配制其饱和溶液，可先计算出一定体积的水需加的硫酸铵固体量，接近饱和时可将硫酸铵溶液加热至50℃左右，保温数分钟，趁热过滤除去不溶物，在0～25℃下平衡1～2 h，有固体析出，即达到真正的饱和。浓硫酸铵溶液的pH为4.5～5.5，使用前可根据需要用氨水或硫酸调整，然后边搅拌边缓慢向溶液中加入饱和硫酸铵溶液，该法降低了局部浓度过高的可能性，但增加了反应体积。盐析时需要使用的饱和硫酸铵溶液的体积由式(4-1)计算：

$$V=\frac{V_0(S_2-S_1)}{1-S_2} \tag{4-1}$$

式中，V为需要加入的饱和硫酸铵溶液的体积，L；V_0为待盐析溶液的体积，L；S_1为待盐析溶液的原始硫酸铵饱和度；S_2为要求达到的硫酸铵饱和度。

饱和硫酸铵溶液加入待盐析溶液后，总体积并不等于二者之和，而是有变化的，因而影响到硫酸铵的饱和度，但这点变化对盐析效果的影响很小，可以忽略不计。

2. 直接加入固体硫酸铵法

当需要较高的硫酸铵饱和度进行盐析，或不希望增加处理样的体积时可采用该法。操作时，先将固体硫酸铵在低温下研成细小的颗粒，边搅拌边缓慢向溶液中加入，避免出现局部浓度过高而影响盐析效果以及生物活性成分的改变。加入固体硫酸铵的量可查表(表4-1和表4-2)或根据式(4-2)计算：

$$G=\frac{A(S_2-S_1)}{1-BS_2} \tag{4-2}$$

式中，G为1 L溶液所需加入的固体硫酸铵的质量，g；S_1为待盐析溶液的原始硫酸铵饱和度；S_2为要求达到的硫酸铵饱和度；A为饱和溶液中的盐含量,g/L,0℃时为 515 g/L,20℃时为 513 g/L;B 为常数,0℃时为 0.27,20℃时为 0.29。

表 4-1 0℃下硫酸铵水溶液由原来的饱和度达到所需饱和度时,每 100 mL 硫酸铵水溶液应加入固体硫酸铵的克数

		硫酸铵终浓度(饱和度)/%																
		20	25	30	35	40	45	50	55	60	65	70	75	80	85	90	95	100
		每 100 mL 溶液加固体硫酸铵的克数/g																
硫酸铵初浓度(饱和度)/%	0	10.6	13.4	16.4	19.4	22.6	25.8	29.1	32.6	36.1	39.8	43.6	47.6	51.6	55.9	60.3	65.0	76.7
	5	7.9	10.8	13.7	16.6	19.7	22.9	26.2	29.6	33.1	36.8	40.5	44.4	48.4	52.6	57.0	61.5	69.7
	10	5.3	8.1	10.9	13.9	16.9	20.0	23.3	26.6	30.1	33.7	37.4	41.2	45.2	49.3	53.6	58.1	62.7
	15	2.6	5.4	8.2	11.1	14.1	17.2	20.4	23.7	27.1	30.6	34.3	38.1	42.0	46.0	50.3	54.7	59.2
	20		2.7	5.5	8.3	11.3	14.3	17.5	20.7	24.1	27.6	31.2	34.9	38.7	42.7	46.9	51.2	55.7
	25			2.7	5.6	8.4	11.5	14.6	17.9	21.1	24.5	28.0	31.7	35.5	39.5	43.6	47.8	52.2
	30				2.8	5.6	8.6	11.7	14.8	18.1	21.4	24.9	28.5	32.2	36.2	40.2	44.5	48.8
	35					2.8	5.7	8.7	11.8	15.1	18.41	218	25.4	29.1	32.9	36.9	41.0	45.3
	40						2.9	5.8	8.9	12.0	15.3	18.7	22.1	25.8	29.6	33.5	37.6	41.8
	45							2.9	5.9	9.0	12.3	15.6	19.0	22.6	26.3	30.2	34.2	38.3
	50								3.0	6.0	9.2	12.5	15.9	19.4	23.3	26.8	30.8	34.8
	55									3.0	6.1	9.3	12.7	16.1	19.7	23.5	27.3	31.3
	60										3.1	6.2	9.5	12.9	16.4	20.1	23 1	27.9
	65											3.1	6.3	9.7	13.2	16.8	20.5	24.4
	70												3.2	6.5	9.9	13.4	17.1	20.9
	75													3.2	6.6	10.1	13.7	17.4
	80														3.3	6.7	10.3	13.9
	85															3.4	6.8	10.5
	90																3.4	7.0
	95																	3.5
	100																	0

表 4-2　室温 25℃下硫酸铵水溶液由原来的饱和度达到所需饱和度时，每升硫酸铵水溶液应加入固体硫酸铵的克数

		硫酸铵终浓度(饱和度)/%																
		10	20	25	30	33	35	40	45	50	55	60	65	70	75	80	90	100
		每 1 L 溶液加固体硫酸铵的克数/g																
硫酸铵初浓度(饱和度)/%	0	56	114	144	176	196	209	243	277	313	351	390	430	472	516	561	662	767
	10		57	86	118	137	150	183	216	251	288	326	365	406	449	494	592	694
	20			29	59	78	91	123	155	190	225	262	300	340	382	424	520	619
	25				30	49	61	93	125	158	193	230	267	307	348	390	485	583
	30					19	30	62	94	127	162	198	235	273	314	356	449	546
	33						12	43	74	107	142	177	214	252	292	333	426	522
	35							31	63	94	129	164	200	238	178	319	411	506
	40								31	63	97	132	168	205	245	285	375	469
	45									32	65	99	134	171	210	250	339	431
	50										33	66	101	137	176	214	302	392
	55											33	67	103	141	179	264	353
	60												34	69	105	143	227	314
	65													34	70	107	190	275
	70														35	72	153	237
	75															36	115	198
	80																77	157
	90																	79

3. 透析平衡法

透析平衡法是指将装有待盐析的蛋白质样品的透析袋放入饱和硫酸铵溶液中，通过透析作用来改变蛋白质溶液中的硫酸铵浓度，由于透析袋外的硫酸铵浓度高于透析袋内的浓度，因此，外部的硫酸铵由于扩散作用逐渐透过半透膜进入到透析袋里，随着透析袋中的硫酸铵饱和度的逐渐提高，达到设定浓度后，目的蛋白即会析出。该法优点在于硫酸铵浓度变化有连续性，盐析效果好，但操作烦琐，要不断测量饱和度，故多用于规模较小的实验。

4.1.4 盐析的影响因素

影响盐析的主要因素如下所示。

1. 盐离子的强度和种类

能够影响盐析沉淀效应的盐类很多,每种盐的作用大小不同。一般来说,盐离子强度越大,蛋白质等生物分子的溶解度就越低。在进行分离时,一般从低离子强度到高离子强度顺次进行。即每一组分被盐析出来,经过过滤等操作后,再在溶液中逐渐提高盐的浓度,使另一种组分也被盐析出来。

盐离子的种类对蛋白质等生物分子的溶解度也有一定的影响。依照 Hofmeister 理论:半径小、带电荷量高的离子的盐析作用较强,而半径大、带电荷量低的离子的盐析作用较弱。以下将各种盐离子的盐析作用按由强到弱的顺序排列:

$$IO_3^- > PO_4^{3-} > SO_4^{2-} > CH_3COO^- > Cl^- > ClO_3^- > Br^- > NO_3^- > ClO_4^- > I^- > SCN^- \quad Al^{3+} > H^+ > Ca^{2+} > NH_4^+ > K^+ > Na^+$$

2. 生物分子的浓度

溶液中生物分子的浓度对盐析有一定的影响。高浓度的生物分子溶液可以节约盐的用量,但生物分子的浓度过高时,溶液中的其他成分就会随着沉淀成分一起析出,发生严重的共沉淀现象;若将溶液中生物分子稀释到过低浓度,则可减少共沉淀现象,但这会造成反应体积的增大,进而导致反应容器容量的增大,需要更多的盐类沉淀剂和配备更大的分离设备,加大人力、财力的投入,并且回收率会下降。

3. pH

通常来说,蛋白质所带净电荷越多溶解度越大,净电荷越少溶解度越小,在等电点时蛋白质溶解度最小。因此,在进行蛋白质的盐析时,常将溶液 pH 调到目的蛋白的等电点处,以提高盐析效率(图 4-4)。

需要注意的是,在水中或稀盐液中的蛋白质等电点与高盐浓度下所测的结果是不同的,因此,需要根据实际情况调整溶液 pH,以达到最好的盐析效果。

4. 温度

温度是影响溶解度的重要因素,对于多数无机盐和小分子有机物,温度升高溶解度加大，但对于蛋白质、酶和多肽等生物大分子，在高离子强度溶液中，温度升高，它们的溶解度反而减小（图 4-5）。

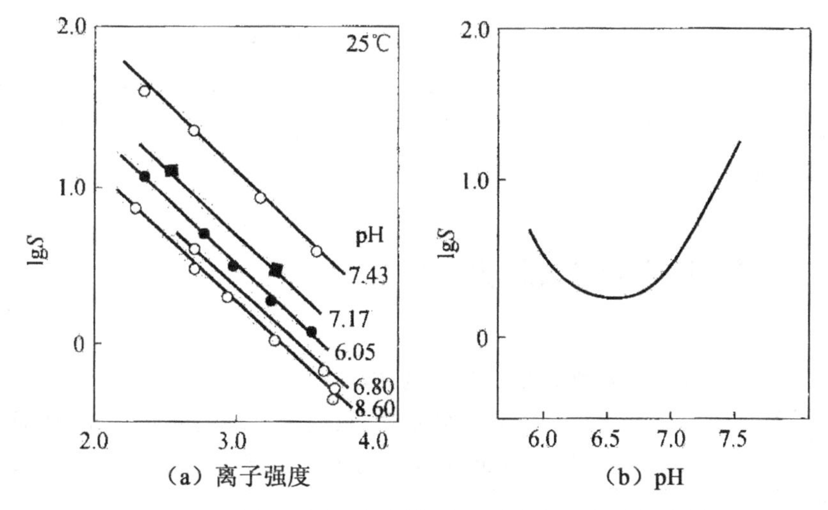

图 4-4　不同 pH 下浓磷酸缓冲液中血红蛋白的溶解曲线

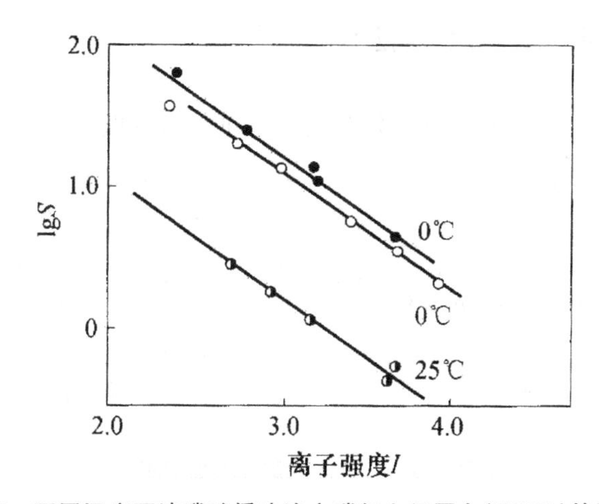

图 4-5　不同温度下浓磷酸缓冲液中碳氧血红蛋白(COHb)的溶解度

值得注意的是，这种温度升高溶解度下降的现象只在高离子强度下才能发生。对于低离子强度溶液或纯水中蛋白质，其溶解度大多数还是随浓度升高而增加的。

通常情况下，对蛋白质盐析的温度要求不严格，可在室温下进行，但对于某些对温度敏感的酶，要求在 0～4℃下操作，以避免活力丧失。

5. 操作方式

操作方式的不同会影响沉淀颗粒的大小。采用饱和硫酸铵溶液的连续方式进行操作,得到的沉淀颗粒比用固体盐的间歇方式大。操作过程中搅拌方式和速率也会影响盐析效果,适当的搅拌能防止局部浓度过大,在蛋白质或酶等生物分子沉淀期间,温和的搅拌能促进沉淀颗粒的增大,而剧烈的搅拌会对粒子产生较大的剪切力,只能得到较小的颗粒。

4.2 有机溶剂沉淀法

通常来说,有机溶剂沉淀是利用与水互溶的有机溶剂(如甲醇、乙醇、丙酮等)与蛋白质争夺水化膜上的水分子,致使蛋白质脱除水化膜,从而使蛋白质在水中的溶解度显著降低而沉淀的方法。该方法很早就被用来纯化蛋白质。

4.2.1 有机溶剂沉淀法的原理

有机溶剂能使特定溶质成分发生沉淀作用的原理如图 4-6 所示。

有机溶剂沉淀法的原理

- 降低水溶液的介电常数。向溶液中加入有机溶剂能降低溶液的介电常数,减弱溶剂的极性,从而削弱溶剂分子与蛋白质等生物分子的相互作用力,增加生物分子间相互作用,导致溶解度降低而沉淀。溶液介电常数的减小意味着溶质分子异性电荷库仑引力增加,使带电溶质分子更易互相吸引而凝集,从而发生沉淀作用
- 破坏水化膜。有机溶剂与水互溶,它们在溶解于水的同时从蛋白质等生物分子周围的水化层中夺走了水分子,破坏了其水化膜,因而发生沉淀作用

图 4-6 有机溶剂沉淀法的原理

4.2.2 有机溶剂的选择与种类

1. 有机溶剂的选择

选择用于生化制备的有机溶剂时,应综合考察以下几点:

(1)应确保其与水互溶。

(2)极性应比较小,这样才能有效降低溶液的极性。

(3)致变性作用也要较小,方便于保护目的产物的活性。

(4)毒性要小,挥发性适中。

进行沉淀操作时,欲使溶液达到一定的有机溶剂浓度。需要加入的有机溶剂的浓度和体积可按下式计算:

$$V=\frac{V_0(S_2-S_1)}{100-S_2} \tag{4-1}$$

式中:V 为需加入100%浓度有机溶剂的体积;V_0 为原溶液体积;S_1 为原溶液中有机溶剂的浓度;S_2 为要求达到的有机溶剂的浓度;100是指加入的有机溶剂浓度为100%。如所加入的有机溶剂的浓度为95%,上式的 $100-S_2$ 项应改为 $95-S_2$。

上式的计算由于未考虑混溶后体积的变化和溶剂的挥发情况,实际上存在一定的误差。有时为了获得沉淀而不着重于进行分离,可用溶液体积的倍数:如加入1倍、2倍、3倍原溶液体积的有机溶剂,来进行有机溶剂沉淀。

2. 有机溶剂的种类

常用于生物物质沉淀的有机溶剂有乙醇、甲醇、异丙醇和丙酮,还有二甲基甲酰胺、二甲基亚砜、乙腈和2-甲基-2,4-戊二醇等,如图4-7所示。

有机溶剂的种类

- 乙醇。乙醇具有极易溶于水、沉淀作用强、沸点适中、无毒等优点,广泛应用于沉淀蛋白质、核酸、多糖等生物高分子及氨基酸等
- 甲醇。甲醇的沉淀作用与乙醇相当,对蛋白质等生物大分子的变性作用比乙醇和丙酮小。但口服甲醇有剧毒,因此不被广泛使用
- 丙酮。丙酮的介电常数小于乙醇,沉淀能力较强,用丙酮作为沉淀剂替代乙醇可以减少1/3左右的用量。但由于丙酮具有沸点低、挥发损失大、对肝脏具有一定的毒性、着火点低等缺点,因此其应用不如乙醇广泛
- 异丙醇。异丙醇是一种无色、有强烈气味的可燃液体,可代替乙醇进行沉淀作用,但因易与空气混合后发生爆炸,易形成污染环境的烟雾现象,对人体具有潜在的危害作用而限制了它的使用
- 其他有机溶剂。二甲基甲酰胺、二甲基亚砜、乙腈和2-甲基-2,4-戊二醇等也可作为沉淀剂使用,但远不如乙醇、甲醇和丙酮使用普遍

图4-7　有机溶剂的种类

4.2.3　有机溶剂沉淀的操作

有机溶剂沉淀应用的范围比较广,许多生物大分子只要选用合适的有机溶剂,并且综合调整影响有机溶剂沉淀的因素,均可获得较好的分离效

果。有机溶剂沉淀法常应用于酶制剂、氨基酸、抗生素等发酵产物的提取。

例如,在酶制剂的提取过程中,将一定量的某些能与水相混合的溶剂加入酶的溶液中,利用酶蛋白在有机溶剂中的溶解度不同,使所需酶蛋白和其他杂蛋白分开,并得以浓缩,使酶沉淀析出,分级提纯。

又如,用有机溶剂沉淀法提取氨基酸时,先将发酵液除去菌体等杂质后,加进能够和水混溶的有机溶剂(如甲醇、乙醇、丙酮等),然后调节 pH 至氨基酸的等电点处,使氨基酸析出。使用过的溶剂可蒸馏回收,循环使用。有机溶剂沉淀法提取氨基酸的提取效率高,但耗用有机溶剂的量大。在实际生产中,这一方法经常与离子交换层析技术相联合,尤其是用在氨基酸精制过程效果很好。

4.2.4 有机溶剂沉淀的影响因素

影响有机溶剂沉淀的主要因素如下所示。

1. 有机溶剂的种类及用量

不同的有机溶剂对相同的溶质分子产生的沉淀作用大小有差异,其沉淀能力与介电常数相关。通常情况下,介电常数越低的有机溶剂,其沉淀能力就越强。同一种有机溶剂对不同的溶质分子产生的作用大小也不一样。在溶液中加入有机溶剂后,随着有机溶剂用量的加大,溶液的介电常数逐渐下降。溶质的溶解度会在某个阶段出现急剧降低的现象,从而沉淀析出。不同溶质分子的溶解度发生急剧变化时所需的有机溶剂用量是不同的。因此,沉淀反应的操作过程中应该严格控制有机溶剂的用量,否则会造成有机溶剂浓度过低而无沉淀或沉淀不完全,或者因有机溶剂浓度过高导致溶液中其他组分一起被沉淀出来。

总之,通过选择有机溶剂且控制其用量可以使不同的溶质分子分别从溶液中沉淀析出,从而达到分离的目的。部分溶剂的相对介电常数如表 4-3 所示。

表 4-3 部分溶剂的相对介电常数

溶剂名称	相对介电常数	溶剂名称	相对介电常数
水	78	丙酮	21
甲醇	31	乙醚	9.4
甘油	56.2	乙酸	6.3
乙醇	26	三氯乙酸	4.6

2. 温度

有机溶剂与水混合时，会放出大量的热量，使溶液的温度显著升高，从而增加有机溶剂对蛋白质的变性作用。另外，温度还会影响有机溶剂对蛋白质的沉淀能力，一般温度越低，沉淀越完全。因此，在使用有机溶剂沉淀生物高分子时，整个操作过程应在低温下进行，而且最好在同一温度，防止已沉淀的物质溶解或另一物质的沉淀。具体操作方法如图 4-8 所示。

操作方法
- 常将待分离的溶液和有机溶剂分别进行预冷，后者最好预冷至-20～-10℃
- 为避免温度骤然升高损失蛋白质活力，操作时还应不断搅拌、少量多次加入
- 为了减少有机溶剂对蛋白质的变性作用，通常使沉淀在低温下短时间(0.5～2 h)处理后即进行过滤或离心分离，接着真空抽去剩余溶剂或将沉淀溶入大量缓冲溶液中以稀释有机溶剂，旨在减少有机溶剂与目的物的接触

图 4-8　具体操作方法

3. pH

许多蛋白质在等电点附近有较好的沉淀效果，所以 pH 多控制在待沉蛋白质的等电点附近。但需要注意的是，少数蛋白质在等电点附近不太稳定。另外，在控制溶液 pH 时务必使溶液中大多数蛋白质分子带有相同电荷，而不要让目的物与主要杂质分子带相反电荷，以免出现严重的共沉作用。

4. 样品浓度

样品浓度对有机溶剂沉淀生物大分子的影响与盐析的情况相似。低浓度样品要使用比例更大的有机溶剂进行沉淀，且样品的损失较大，即回收率低。但对于低浓度的样品，杂蛋白与样品的共沉作用小，分离效果较好。反之，对于高浓度的样品，可以减少有机溶剂用量提高回收率，但杂蛋白的共沉作用大，分离效果下降。通常，蛋白质的初浓度以 0.5%～2%为宜，黏多糖则以 1%～2%较合适。

5. 某些金属离子

一些金属离子如 Ca^{2+}、Zn^{2+} 等，可以与某些呈阴离子状态的蛋白质形成复合物，这种复合物的溶解度大大降低而且不影响蛋白质的生物活性，

有利于沉淀的形成,并降低有机溶剂的用量。但使用时要避免溶液中存在能与这些金属离子形成难溶性盐的阴离子(如磷酸根)。实际操作时往往先加有机溶剂除去杂蛋白,再加 Ca^{2+}、Zn^{2+} 沉淀目的物。

4.3 等电点沉淀法

等电点沉淀法主要利用两性电解质分子在电中性时溶解度最低,而各种两性电解质具有不同等电点进行分离的一种方法。

4.3.1 等电点沉淀法的原理

调节两性生化物质溶液的 pH,以达到某一生化物质的等电点,使其从溶液中沉淀析出而实现分离的技术称为等电点沉析技术。

等电点(pI)是两性物质在其质点的净电荷为零时介质的 pH,溶质净电荷为零,分子间排斥电位降低,吸引力增大,分子相互之间的作用力减弱,其溶解度最小,其颗粒极易碰撞、凝聚而产生沉淀。因其操作简单,设备要求不高,操作条件温和,对蛋白质损伤小等特点,被广泛应用于蛋白质等特别是疏水性大的生物大分子的初级分离。

等电点时的许多物理性质如黏度、膨胀性、渗透压等都变小,从而有利于悬浮液的过滤。如表 4-4 所示列出了几种蛋白质和酶的等电点,当溶液的 pH 等于其 pI 时,此时溶质的溶解度最低。

表 4-4 蛋白质和酶的等电点

生化物质	pI	生化物质	pI	生化物质	pI
丝蛋白(家蚕)	2.2	血清蛋白	4.7	胃蛋白酶	1.0
酪蛋白	4.6	β-乳球蛋白	5.2	脲酶	5.1
卵清蛋白	4.6	γ-球蛋白	6.6	胰凝乳蛋白酶	9.5
甲状腺球蛋白	4.6	血红蛋白	6.8	细胞色素 C	10.4
胰岛素(牛)	5.3	肌红蛋白	7.0	溶菌酶	11.0

4.3.2 等电点沉淀的操作

等电点沉淀的操作条件是:低离子浓度,pH=pI。因此,等电点沉淀操作需要低离子浓度下调整溶液的 pH 至等电点，或在等电点的 pH 下利用透析等方法降低离子强度，使蛋白质沉淀。由于一般蛋白质的等电点多在偏酸性范围内，故等电点沉淀操作中，多通过加入无机酸调节 pH。

等电点沉淀法一般适用于疏水性较大的蛋白质（如酪蛋白），而对亲水性很强的蛋白质（如明胶），由于在水中的溶解度较大，在等电点的 pH 下不易产生沉淀，所以，等电点沉淀法不如盐析沉淀法应用广泛。但该法仍不失为有效的蛋白质初级分离手段。例如，从猪胰脏中提取胰蛋白酶原的操作如下：胰蛋白酶原的 pI=8.9，可先于 pH 3.0 左右进行等电点沉淀，除去共存的许多酸性蛋白质（pH 3.0）。工业生产胰岛素（pH 5.3）时，先调节 pH 至 8.0 除去碱性蛋白质，再调节 pH 至 3.0 除去酸性蛋白质，同时配合其他沉淀技术以提高沉淀效果。

在盐析沉淀中，要综合等电点沉淀技术，使盐析操作在等电点附近进行，降低蛋白质的溶解度。例如，碱性磷酸酯酶的 pI 沉淀提取如下：发酵液调 pH 4.0 后出现含碱性磷酸酯酶的沉淀物，离心收集沉淀物。用 pH 9.0 的 0.1 mol/L Tris-HCl 缓冲溶液重新溶解，加入 20%～40%饱和度的硫酸铵分级，离心收集的沉淀用 Tris-HCl 缓冲液再次沉淀，即得较纯的碱性磷酸酯酶。

4.3.3 等电点沉淀的影响因素

影响等电点沉淀的主要因素如下所示。

1. 盐离子

生物大分子的等电点易受盐离子的影响，当生物分子结合的阳离子（如 Ca^{2+}、Mg^{2+}）多时，其等电点便升高；而结合的阴离子（如 Cl^-、SO_4^{2-}）多时，其等电点则降低。自然界中许多蛋白质等生物分子较易结合阴离子，使等电点向酸性的方向发生偏移。

2. 目的生物分子的稳定性

有些蛋白质或酶等生物分子在等电点附近不稳定。如胰蛋白酶（pI=10.1），它在中性或偏碱性的环境中会部分降解失活，所以在实际操作中避免 pH 超过 5.0 以上。

调节等电点时，应考虑目的产物成分的稳定性。生产中应尽可能避免直接用强酸或强碱调节 pH，以免导致局部过酸或过碱，从而引起目的成分蛋白或酶的变性。另外，调节 pH 所用的酸或碱应与原溶液中的盐或即将加入的盐相适应。如果溶液中含硫酸铵时，可用稀硫酸或氨水调节 pH；如果原溶液中含有氯化钠时，可用稀盐酸或氢氧化钠溶液调节 pH。总之，应以尽量不增加新物质为原则。

3. 等电点附近的盐溶作用

生物大分子在等电点附近的盐溶作用相当明显，所以无论是单独使用还是与溶剂沉淀法联合使用，都必须控制溶液的离子强度。

4.4 其他沉淀法

4.4.1 水溶性非离子型聚合物沉淀法

水溶性的非离子型聚合物是 20 世纪 60 年代发展起来的一类沉淀剂，最早被用来沉淀分离血纤维蛋白原和免疫球蛋白以及一些细菌与病毒，近年来被广泛应用于核酸和酶的分离纯化，这类非离子型多聚物包括不同相对分子质量的聚乙二醇(PEG)、聚乙烯吡咯烷酮和葡聚糖等。其中应用最多的是聚乙二醇。通常在蛋白质沉淀中使用 PEG6000 或 PEG4000，这是因为相对分子质量低的聚合物无毒，所以在临床产品的加工过程中被优先使用。

关于 PEG 的沉淀机理，到目前为止，仍未找到很合适的理论解释。最近劳兰梯等基于多聚物的沉淀作用主要依赖于多聚物的浓度和被沉淀物的分子大小的众多事实，提出 PEG 的沉淀作用主要是通过空间位置排斥，使液体中的生物大分子、病毒和细菌等微粒被迫挤聚在一起而引起沉淀的发生。

用水溶性非离子多聚物沉淀生物大分子和微粒，一般有两种方法，如图 4-9 所示。

用水溶性非离子多聚物沉淀生物大分子和微粒
- 选用两种水溶性非离子型聚合物组成液-液两相体系，使生物大分子在两相系统中不等量分配，从而造成分离
- 选用一种水溶性非离子型聚合物，使生物大分子在同一液相中，由于被排斥而相互凝集沉淀析出

图 4-9 用水溶性非离子多聚物沉淀生物大分子和微粒的方法

第一种方法是基于不同生物大分子表面结构不同，有不同的分配系数，并且有离子强度、pH 和温度等的影响，从而增强了分离的效果。

第二种方法操作时应先离心除去大悬浮颗粒，调整溶液的 pH 和温度，然后加入中性盐和聚合物至一定浓度，冷储一段时间后，即形成沉淀。

PEG 的沉淀效果主要与其本身的浓度和相对分子质量有关，同时还受离子强度、溶液 pH 和温度等因素的影响。

用 PEG 等水溶性非离子型聚合物沉淀生物分子，在沉淀中含有大量的非离子型聚合物，这需要用吸附法、乙醇沉淀法或盐析法将目的物吸附或沉淀，而聚合物不被吸附、沉淀，从而将其去除，但在操作上具有一定的难度。

4.4.2 成盐沉淀法

某些生化物质（如核酸、蛋白质、多肽、氨基酸、抗生素等）能和某些有机酸、无机酸与重金属形成难溶性的盐类复合物而沉淀，该法根据所用的沉淀剂的不同可分为：有机酸沉淀法、无机酸沉淀法和金属离子沉淀法。值得注意的是，成盐沉淀法所形成的复合盐沉淀，常使蛋白质发生不可逆的沉淀，应用时必须谨慎。

1. 有机酸沉淀法

某些有机酸如苦味酸、苦酮酸、鞣酸和三氯乙酸等，能与有机分子的碱性功能团形成复合物而沉淀析出。但这些有机酸与蛋白质形成盐复合物沉淀时，常常发生不可逆的沉淀反应。所以，应用此法制备生化物质特别是蛋白质和酶时，需采用较温和的条件，有时还加入一定的稳定剂，以防止蛋白质变性。

鞣酸又称为单宁，广泛存在于植物界中，为多元酚类化合物，分子上有羧基和多个羟基。由于蛋白质分子中有许多氨基、亚氨基和羧基等，所以可与单宁分子形成为数众多的氢键而结合在一起，从而生成巨大的复合颗粒而沉淀下来。

单宁沉淀蛋白质的能力与蛋白质种类、环境 pH 及单宁本身的来源（种类）和浓度有关。由于单宁与蛋白质的结合相对比较牢固，用一般方法不容易将它们分开，故多采用竞争结合法，即选用比蛋白质更强的结合剂与单宁结合，使蛋白质游离释放出来。这类竞争性结合剂有乙烯氮戊环酮（PVP），它与单宁形成氢键的能力很强。此外，聚乙二醇、聚氧化乙烯及山梨糖醇甘油酸酯也可用来从单宁复合物中分离蛋白质。

三氯乙酸(TCA)沉淀蛋白质迅速而完全,一般会引起变性。但在低温下短时间作用可使有些较稳定的蛋白质或酶保持原有的活力,如用2.5%的TCA处理细胞色素C提取液,可以除去大量杂蛋白而对酶活性没有影响。此法多用于目的物比较稳定且分离杂蛋白相对困难的场合。

近年来应用一种吖啶染料雷凡诺,虽然其沉淀机理比一般有机酸盐复杂,但其与蛋白质作用也主要是通过形成盐的复合物而沉淀的。据报道,此种染料提纯血浆中γ-球蛋白有较好效果。实际应用时以0.4%的雷凡诺溶液加到血浆中,调pH 7.6~7.8,除γ-球蛋白外,可将血浆中其他蛋白质沉淀下来。然后以5%浓度的NaCl将雷凡诺沉淀。溶液中的γ-球蛋白可用25%乙醇或加等体积饱和硫酸铵沉淀回收。使用雷凡诺沉淀蛋白质,不影响蛋白质活性,并可通过调整pH,分段沉淀一系列蛋白质组分。但蛋白质的等电点在pH 3.5以下或pH 9.0以上,不被雷凡诺沉淀。核酸大分子也可在较低pH时(pH为2.4左右),被雷凡诺沉淀。

2. 无机酸沉淀法

磷钨酸、磷钼酸等能与阳离子形式的生物小分子形成溶解度极低的复合盐,从而使其沉淀析出。无机酸沉淀法一般用小分子如氨基酸等的分离制备,而蛋白质、酶和核酸等生物大分子在分离提纯时则很少使用。其特点是常使蛋白质等生物大分子发生不可逆的沉淀,应用时必须谨慎。

3. 金属离子沉淀法

许多蛋白质等生物分子在碱性溶液中带负电荷,能与金属离子形成复合盐沉淀。沉淀中的金属离子可以通过加入H_2S使其变成硫化物而除去。根据它们与生物分子作用的机制,金属离子可分为三类:

(1)包括Zn^{2+}、Mn^{2+}、Fe^{2+}、Co^{2+}、Cu^{2+}、Cd^{2+}、Ni^{2+},它们主要作用于羧酸、胺及杂环等含氮化合物。

(2)包括Ca^{2+}、Ba^{2+}、Mg^{2+},这些金属离子也能与羧酸作用,但对含氮物质的配体没有亲和力。

(3)包括Hg^{2+}、Ag^{2+}、Pb^{2+},这类金属离子对含有巯基的化合物具有特殊的亲和力。

蛋白质等生物分子中含有羧基、氨基、咪唑基和巯基等,均可以和上述金属离子作用形成复合物,但复合物的形式和种类则依各类金属离子和蛋白质等生物分子的性质、溶液离子强度和配体的位置等而有所不同。

值得注意的是,蛋白质-金属复合物的溶解度对溶液的介电常数非常敏感,因此,使用时可适当加入有机试剂减小溶液的介电常数,以此提高沉淀效率。通常来说，实际应用时，金属离子的浓度常为 0.02 mol/L，就可使浓度很低的蛋白质沉淀。沉淀产物中的重金属离子可用离子交换树脂或螯合剂除去。

金属离子沉淀法在茶多酚提取中已被广泛使用，其利用茶多酚能与 Bi^{2+}、Ca^{2+}、Ag^{+}、Hg^{2+}、Sb^{3+} 等金属离子产生络合沉淀的原理，从浸提液中分离得到较高纯度的茶多酚。其工艺路线为

茶叶原料→沸水提取→过滤→沉淀→酸转溶→萃取浓缩→干燥→茶多酚粗品

该工艺操作较复杂，其优点是无须使用大量有机溶剂，生产安全性好，在一定程度上可降低能耗，某些沉淀剂成本低、选择性强，所得产品纯度较高。缺点是在制备过程中需调节酸碱度，造成部分酚类物质因氧化而被破坏，在沉淀过滤、溶解过程中茶多酚损失大，工艺操作控制较严格，废渣、废液处理较大。

目前，葛宜掌等采用 $AlCl_3$ 作为沉淀剂可使茶多酚含量达 99.5%，提取率达到 10.5%。而余兆祥等则采用 Zn^{2+}、Al^{3+} 的复合沉淀剂，分别与 Zn^{2+}、Al^{3+} 单一沉淀剂进行比较，发现复合沉淀剂的提取率比单一沉淀剂约高 1%。

第5章　吸附分离与离子交换分离技术

5.1　吸附分离技术

吸附分离技术是指在一定的条件下，将待分离的料液（或气体）通入适当的吸附剂中，利用吸附剂对料液（或气体）中某一组分具有选择吸附的能力，使该组分富集在吸附剂表面，然后再用适当的洗脱剂将吸附的组分从吸附剂上解吸下来的一种分离纯化技术。

5.1.1　吸附分离的原理

吸附分离技术是靠溶质中不同组分与吸附剂之间的分子吸附力的差异而分离的方法。当混合物被流动相带入装有吸附剂的分离柱，在重力或压力差的作用下于柱中移动时，由于各组分在固定相中的分配系数，或溶解、吸附、交换、渗透或亲和能力的差异，各组分在固定相和流动相间不断地发生吸附、解吸、再吸附、再解吸……连续多次的吸附平衡过程使各组分随流动相移动的速率不同。当流动相移动一定距离后，各组分在分离柱内分层，从而达到各组分分离的目的（图5-1）。吸附力主要是范德瓦耳斯力，有时也可能形成氢键或化学键。

5.1.2　吸附的类型

按吸附剂和吸附物之间作用力的不同，吸附可分为以下三种类型。

1. 物理吸附

吸附剂和吸附物通过分子力（范德华力）产生的吸附称为物理吸附。这是一种最常见的吸附现象。

由于分子力的普遍存在，一种吸附剂可吸附多种物质，没有严格的选择性，但由于吸附物性质不同，吸附的量相差很大。物理吸附所放的热较小，一般为(2.09～4.18)×10^4 J/mol。物理吸附时，吸附物分子的状态变化不大，需要的活化能很小，所以物理吸附多数可在较低的温度下进行。

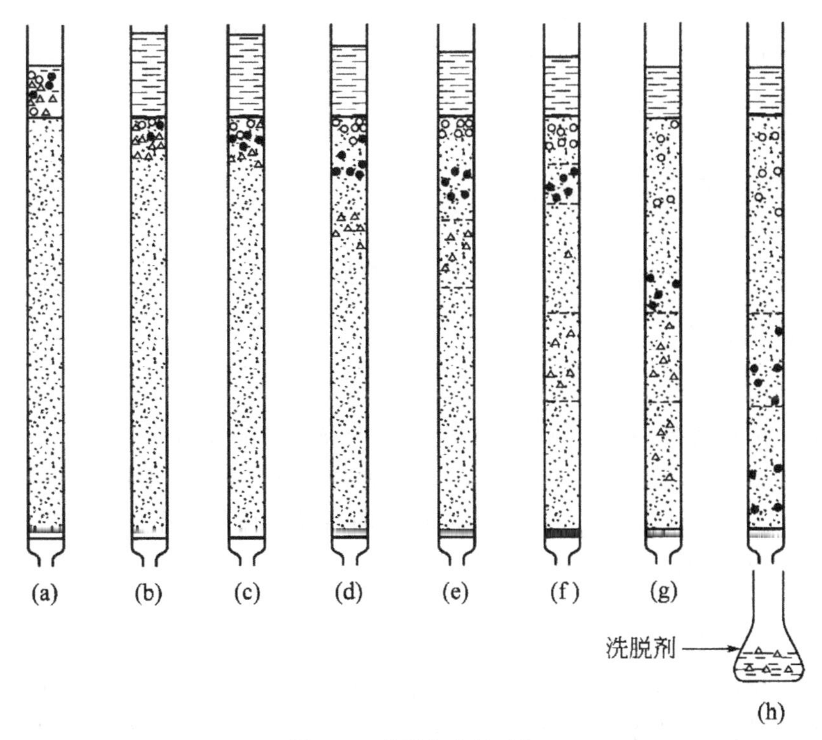

图 5-1　吸附分离的过程

(a)混合物加入色谱柱的顶端；(b)～(g)各组分发生吸附、解吸、再吸附、再解吸……实现差速迁移；(h)组分流出

由于物理吸附时，吸附剂除表面状态外，其他性质都未改变，所以物理吸附的吸附速度和解吸速度都较快，容易达到平衡状态。

2. 化学吸附

化学吸附是由于吸附剂与吸附物之间发生电子转移，生成化学键而产生的。因此，化学吸附需要较高的活化能，需要在较高温度下进行。化学吸附放出的热量很大。

由于化学吸附生成了化学键，因而吸附慢、不容易解吸、平衡慢。但化学吸附的选择性较强，即一种吸附剂只对某种或特定几种物质有吸附作用。

3. 交换吸附

吸附剂表面若为极性分子或离子所组成，则会吸引溶液中带相反电荷的离子形成双电层，同时放出等物质的量的离子于溶液中，发生离子交换，这种吸附称为交换吸附，又称为极性吸附。

离子的电荷是交换吸附的决定因素，离子所带电荷越多，它在吸附剂表面的相反电荷点上的吸附力就越强，电荷相同的离子，其水化半径越小，越容易被吸附。

5.1.3 常用的吸附剂

下面介绍一些生物分离过程中常用的几种吸附剂。

1. 活性炭

活性炭具有吸附力强、来源比较容易、价格便宜等优点，常用于生物产物的脱色和除臭，还应用于糖、氨基酸、多肽及脂肪酸等的分离提取。但活性炭的生产原料和制备方法不同，吸附力就不同，因此很难控制其标准。在生产上常因采用不同来源或不同批号的活性炭而得到不同的结果。另外，活性炭色黑质轻，污染环境。

2. 氧化铝

氧化铝是一种常用的亲水性吸附剂，它具有较高的吸附容量，分离效果好，特别适用于亲脂性成分的分离，广泛应用在醇、酚、生物碱、染料、苷类、氨基酸、蛋白质以及维生素、抗生素等物质的分离。

活性氧化铝价廉，再生容易，活性容易控制；但操作不便，手续烦琐，处理量有限，因此也限制了在工业生产上大规模应用。

3. 硅胶

硅胶是应用最广泛的一种极性吸附剂，层析用硅胶可用 $SiO_2 \cdot nH_2O$ 表示，具有多孔性网状结构。

硅胶的主要优点是化学惰性，具有较大的吸附量，容易制备不同类型、孔径、表面积的多孔性硅胶。可用于萜类、固醇类、生物碱、酸性化合物、磷脂类、脂肪类、氨基酸类等的吸附分离。

使用过的硅胶可以用以下方法再生：用 5～10 倍量的 1% NaOH 水溶液回流 30 min，热过滤，然后用蒸馏水洗 3 次，再用 3～6 倍量的 5%乙酸回流 30 min，过滤，用蒸馏水洗至中性，再用甲醇洗、水洗两次，然后在 120℃烘干活化 12 h，即可重新使用。

4. 聚酰胺粉

聚酰胺是一类化学纤维的原料，国外称为尼龙，国内称为锦纶。由己二酸与己二胺聚合而成的叫作锦纶66，由己内酰胺聚合而成的叫作锦纶6。因为这两类分子都含有大量的酰胺基团，故统称聚酰胺。适于分离含酚羟基、醌基的成分，如黄酮、酚类、鞣质、蒽醌类和芳香族酸类等。

聚酰胺通过与被分离物质形成氢键而产生吸附作用。各种物质由于与聚酰胺形成氢键的能力不同，聚酰胺对它们的吸附力也不同。通常来说，形成氢键的基团多，吸附力大，难洗脱；具有对、间位取代基团的化合物比具有邻位取代基团的化合物吸附力大；芳核及共轭双键多者吸附力大；能形成分子内氢键的化合物吸附力减少。

5. 羟基磷灰石

羟基磷灰石又名羟基磷酸钙[$Ca_5(PO_4)_3 \cdot OH$]，简称HA。在无机吸附剂中，羟基磷灰石是唯一适用于生物活性高分子物质分离的吸附剂。一般认为，羟磷灰石对蛋白质的吸附作用主要是其中Ca^{2+}与蛋白质负电基团结合，其次是羟基磷灰石的PO_4^{3-}与蛋白质表面的正电基团相互反应。

由于羟基磷灰石吸附容量高，稳定性好，因此在制备及纯化蛋白质、酶、核酸、病毒等生命物质方面得到了广泛的应用。有时有些样品如RNA、双链DNA、单链DNA和杂型双链DNA-RNA等，经过一次羟基磷灰石柱层析，就能达到有效的分离。

使用过的羟基磷灰石层析柱可以用以下方法再生：先挖去顶部的一层羟基磷灰石，然后用1倍床体积的1 mol/L NaCl溶液洗涤，接着用4倍床体积的平衡液洗涤平衡，如此处理后即可使用。

6. 白陶土

白陶土可分为天然白陶土和酸性白陶土两种。在生物制药工艺中常作为某些活性物质的纯化分离吸附剂，也可作为助滤剂与去除热原质的吸附剂。

天然白陶土的主要成分是含水的硅酸铝，其组成与$Al_2O_3 \cdot 2SiO_2 \cdot 2H_2O$相当。新采出的白陶土含水50%～60%，经干燥压碎后，加热至420℃活化，冷却后再压碎过滤即可使用。经如此处理，白陶土具有大量微孔和大的比表面积，能吸附大量有机杂质。将白陶土浸于水中，pH为6.5～7.5，即中性，由于它能吸附氢离子，所以可起中和强酸的作用。

我国产的白陶土质量较好，色白而杂质少。白陶土作为药物可用于吸附毒物，如吸附有毒的胺类物质，食物分解产生的有机酸等，并可能吸附细菌。在生化制药中，白陶土能吸附一些相对分子质量较大的杂质，包括能导致过敏的物质，也常用它脱色。

需要注意的是，天然产物白陶土差别可能很大，所含杂质也会不同。商品药用白陶土或供吸附用的白陶土虽已经处理，若产地不同，在吸附性能上也有差别。所以在生产上，白陶土产地和规格更换时，要经过试验。临用前，用稀盐酸清洗并用水冲洗至近中性后烘干，效果较好。

酸性白陶土的原料是某些斑土，经浓盐酸加热处理后烘干即得。其化学成分与天然白陶土相似，但具有较好的吸附能力。如其脱色效率比天然白陶土高许多倍。

7. 人造沸石

人造沸石是人工合成的一种无机阳离子交换剂，其分子式为 $Na_2Al_2O_4 \cdot xSiO_2 \cdot yH_2O$，人造沸石在溶液中呈 $Na_2Al_2O_4 = 2Na^+ + Al_2O_4^{2-}$，而偏铝酸根与 $xSiO_2 \cdot yH_2O$ 紧密结合成为不溶于水的骨架。以 Na_2Z 代表沸石，M^+ 表示溶液中阳离子，则

$$Na_2Z + 2M^+ = M_2Z + 2Na^+$$

使用过的沸石可以用以下方法再生：先用自来水洗去硫酸铵，再用 0.2～0.3 mol/L 氢氧化钠和 1 mol/L 氯化钠混合液洗涤至沸石成白色，最后用水反复洗至 pH 至 7～8，即可重新使用。

5.1.4 吸附分离的影响因素

影响吸附分离的主要因素如下所示。

1. 吸附物的性质

吸附物的性质会影响到吸附量的大小。它对吸附量的影响主要符合如图 5-2 所示的规律。

2. 吸附剂的性质

吸附剂的比表面积、颗粒度、孔径、极性对吸附的影响很大。比表面积主要与吸附容量有关，比表面积越大，空隙度越高，吸附容量越大。颗粒度和孔径分布则主要影响吸附速度，颗粒度越小，吸附速度就越快。孔径适当，有利于吸附物向空隙中扩散，加快吸附速度。所以要吸附相对分子质量大的物质时，就应该选择孔径大的吸附剂，要吸附相对分子质量小的物

质，则需选择比表面积高及孔径较小的吸附剂。

吸附物的性质对吸附量的影响

- 溶质从较容易溶解的溶剂中被吸附时，吸附量较少。所以极性物质适宜在非极性溶剂中被吸附，非极性物质适宜在极性溶剂中被吸附
- 极性物质容易被极性吸附剂吸附，非极性物质容易被非极性吸附剂吸附。因而极性吸附剂适宜从非极性溶剂中吸附极性物质，而非极性吸附剂适宜从极性溶剂中吸附非极性物质
- 结构相似的化合物，在其他条件相同的情况下，具有高熔点的容易被吸附，因为高熔点的化合物，通常来说，其溶解度较低
- 溶质自身或在介质中能缔合有利于吸附，如乙酸在低温下缔合为二聚体，苯甲酸在硝基苯内能强烈缔合，所以乙酸在低温下能被活性炭吸附，而苯甲酸在硝基苯中比在丙酮或硝基甲烷内容易被吸附

图 5-2　吸附物的性质对吸附量的影响

3. 溶剂

单溶剂与混合溶剂对吸附作用有不同的影响。一般吸附物溶解在单溶剂中容易被吸附；吸附物溶解在混合溶剂中不容易被吸附。所以一般用单溶剂吸附，用混合溶剂解吸。

4. pH

溶液的 pH 往往会影响吸附剂或吸附物解离情况，进而影响吸附量，对蛋白质或酶类等两性物质，一般在等电点附近吸附量最大。各种溶质吸附的最佳 pH 需要通过实验来确定。

5. 温度

吸附一般是放热的，所以只要达到了吸附平衡，升高温度会使吸附量降低。但在低温时，有些吸附过程往往在短时间达不到平衡，而升高温度会使吸附速度加快，并出现吸附量增加的情况。

对蛋白质或酶类的分子进行吸附时，被吸附的高分子是处于伸展状态的，因此这类吸附是一个吸热过程。在这种情况下，温度升高，会增加吸附量。

生化物质吸附温度的选择，还要考虑它的热稳定性。对酶来说，若是热不稳定的，一般在 0℃左右进行吸附；若比较稳定，则可在室温操作。

6. 盐的浓度

盐类对吸附作用的影响比较复杂，有些情况下盐能阻止吸附，在低浓度盐溶液中吸附的蛋白质或酶，常用高浓度盐溶液进行洗脱。但在另一些情况下盐能促进吸附，甚至有的吸附剂一定要在盐的存在下，才能对某种吸附物进行吸附。

盐对不同物质的吸附有不同的影响，因此盐的浓度对于选择性吸附很重要，在生产工艺中也要靠实验来确定合适的盐浓度。

5.2　离子交换分离技术

离子交换法是应用离子交换剂作为吸附剂，通过静电引力将溶液中带相反电荷的物质吸附在离子交换剂上，然后用合适的洗脱剂将吸附物从离子交换剂上洗脱下来，从而达到分离、浓缩、纯化的目的。

离子交换法要使用离子交换剂，常见的离子交换剂有两种：一种是使用人工高聚物作载体的离子交换树脂；另一种是使用多糖作载体的多糖基离子交换剂。本节将重点以离子交换树脂为例讲解离子交换分离技术的基础理论、操作方法和应用。

5.2.1　离子交换树脂的结构

离子交换树脂是一种不溶于酸、碱和有机溶剂的固态高分子聚合物。它具有网状立体结构并含有活性基团，能与溶剂中其他带电粒子进行离子交换或吸着。

离子交换树脂由三部分构成，如图5-3和图5-4所示。

离子交换树脂的构成
- 载体或骨架：惰性、不溶的具有三维空间立体结构的网络骨架
- 功能基团：与载体连成一体的、不能移动的活性基团
- 平衡离子或可交换离子：功能基团带相反电荷的可移动的活性离子。当树脂处在溶液中时，活性离子可在树脂的骨架中进进出出，与溶液中的同性离子发生交换过程

图5-3　离子交换树脂的构成

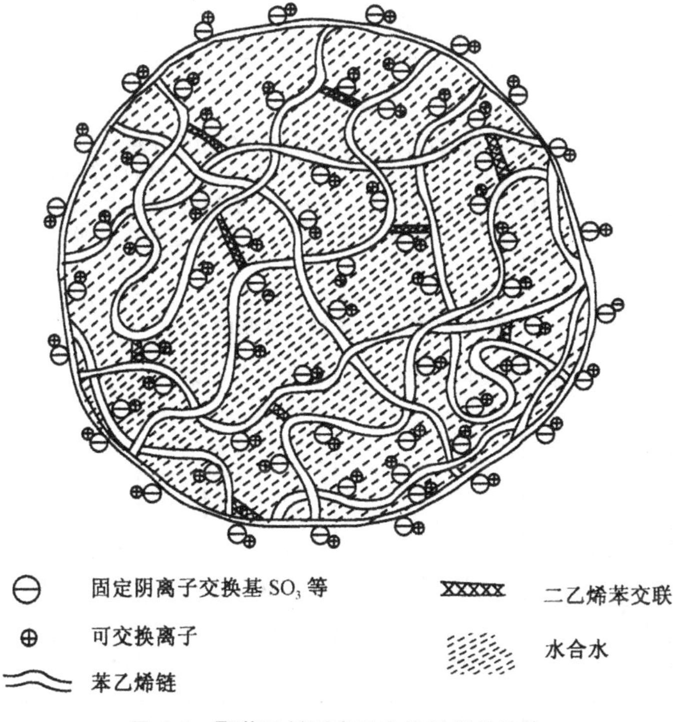

图 5-4　聚苯乙烯型离子交换树脂的结构

5.2.2　离子交换树脂的分离原理

用离子交换树脂分离纯化物质主要通过选择性吸附和分步洗脱这两个过程来实现。

1. 选择性吸附

进行选择性吸附时，需要使目的物粒子具有较强的结合力，而其他杂质粒子没有结合力或结合力较弱。具体做法是使目的物粒子带上相当数量的与活性离子相同的电荷，然后通过离子交换被离子交换树脂吸附，使主要杂质粒子带上与活性离子相反的或较少的相同电荷，从而不被离子交换树脂吸附或吸附力较弱。

2. 分步洗脱

从树脂上洗脱目的物时，主要可采用两种方法，如图 5-5 所示。

树脂上洗脱目的物的方法：

- 调节洗脱液的pH，使目的物粒子在此pH下失去电荷，甚至带相反电荷，从而丧失与原离子交换树脂的结合力而被洗脱下来
- 用高浓度的同性离子根据质量作用定律将目的物离子取代下来。对阳离子交换树脂来说，目的物的pK越大(碱性越强)，将其洗脱下来所需溶液的pH也越高。对阴离子交换树脂来说，目的物的pK越小，洗脱液的pH也越低

图 5-5　树脂上洗脱目的物的方法

图 5-6 显示了离子交换吸附和洗脱的基本原理。

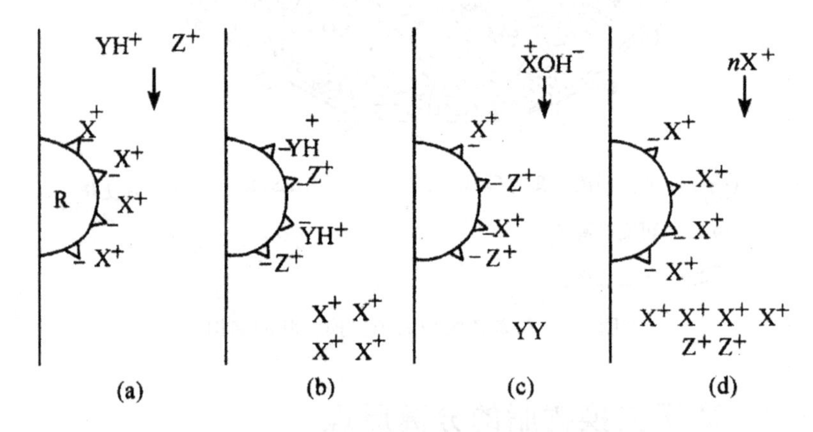

图 5-6　离子交换吸附和洗脱的基本原理

(a)X^+ 为平衡离子，YH^+ 及 Z^+ 为待分离离子；(b)YH^+ 和 Z^+ 取代 X^+ 而被吸附；(c)加碱后 YH^+ 失去正电荷，被洗脱；(d)提高 X^+ 的浓度取代出 Z^+

5.2.3　离子交换树脂的分类

1. 按树脂骨架的主要成分分类

按树脂骨架的主要成分分类，离子交换树脂可分为聚苯乙烯型树脂、聚苯烯酸型树脂和多乙烯多氨-环氧氯苯烷树脂等，如图 5-7 所示。

按树脂骨架的主要成分分类：
- 聚苯乙烯型树脂。主要由苯乙烯(母体)和二乙烯苯(交联剂)的共聚物作为骨架，再引入所需要的活性基团
- 聚苯烯酸型树脂。主要由苯烯酸甲酯与二乙烯苯的共聚物作为骨架
- 多乙烯多氨-环氧氯苯烷树脂。主要由多乙烯氨与还氧氯苯烷的共聚物作为骨架

图 5-7 按树脂骨架的主要成分分类

2. 按骨架的物理结构分类

按骨架的物理结构分类，离子交换树脂分为凝胶型树脂、大网格树脂和均孔树脂等，如图 5-8 所示。

按骨架的物理结构分类：
- 凝胶型树脂。凝胶型树脂也称为微孔树脂。这类树脂是以苯乙烯或丙烯酸与交联剂二乙烯苯聚合得到的具有交联网状结构的聚合体，一般呈透明状态
- 大网格树脂。大网格树脂也称为大孔树脂。该树脂利于吸附大分子有机物，耐有机物的污染
- 均孔树脂。均孔树脂也称为等孔树脂。主要是阴离子交换树脂。均孔型树脂也是凝胶型树脂。与普通凝胶型树脂相比，骨架的交联度比较均匀。该类树脂代号为IP或IR

图 5-8 按骨架的物理结构分类

3. 按活性基团的性质分类

按活性基团的性质分类，离子交换树脂分为含酸性基团的阳离子交换树脂和含碱性基团的阴离子交换树脂。按其可交换基团的酸碱性强弱又可分为强酸性、弱酸性阳离子交换树脂和强碱性、弱碱性阴离子交换树脂等。如图 5-9 所示。

按活性基团的性质分类：
- 阳离子交换树脂。能与溶液中的阳离子进行交换的树脂为阳离子交换树脂。其中阳离子交换剂中的可解离基团有磺酸基($—SO_3H$)、磷酸基($—PO_3H_2$)、羧基($—COOH$)和酚羟基($—OH$)等酸性基团
- 阴离子交换树脂。能与溶液中的阴离子进行交换的树脂为阴离子交换树脂。阴离子交换树脂中含有季胺($—NR_3OH$)、伯胺($—NH_2$)、仲胺($—NHR$)、叔胺($—NR^2$)等碱性基团

图 5-9 按活性基团的性质分类

最常用的强酸性阳离子交换树脂是以由苯乙烯和二乙烯苯为原料聚合而成的苯乙烯聚合体为骨架，然后再在芳环上引入磺酸基（—SO_3H）的一类大分子化合物。这类树脂称为苯乙烯强酸性树脂，其结构如图 5-10 所示。

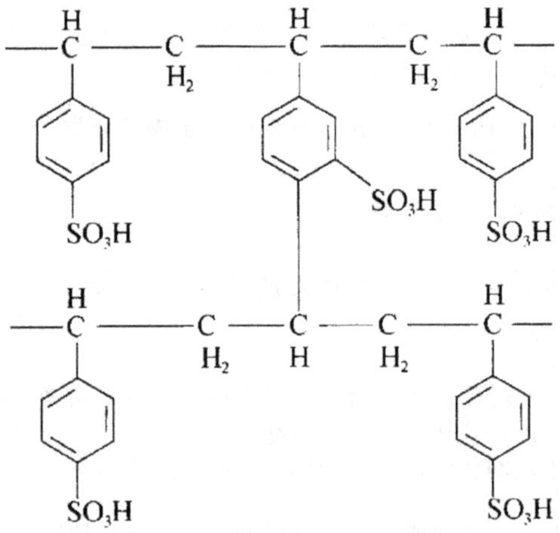

图 5-10　强酸性阳离子交换树脂的结构

国产树脂中强酸 1×7（上海树脂厂 732＃）、强酸性 1 号（南开大学树脂厂）和国外产品 Amberlite IR-120、Dowex 50、Zerolit 225 等均属于这类树脂。

常用的弱酸性阳离子交换树脂的交换基团是羧基（—COOH），类似于乙酸，交换反应是同羧基中的 H^+ 进行交换。有芳香族和脂肪族两种。脂肪族中用甲基丙烯酸和二乙烯基苯聚合的较多，结构如图 5-11 所示。

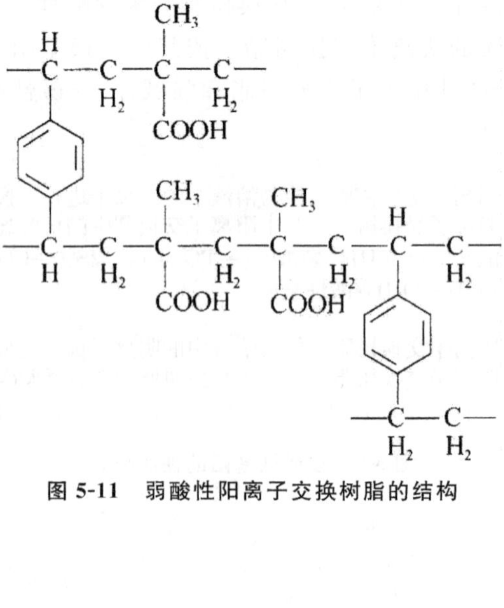

图 5-11　弱酸性阳离子交换树脂的结构

国产树脂中弱酸 101×128(上海树脂厂 724 号)、弱酸性 101 号(南开大学树脂厂)和国外产品 Amberlite IRC-50、Wofatit C、Zerolit 226 等均属于这类树脂。

强碱性阴离子交换树脂的骨架与苯乙烯强酸型树脂相同,只是交换基团由磺酸基变为季胺基,结构如图 5-12 所示。

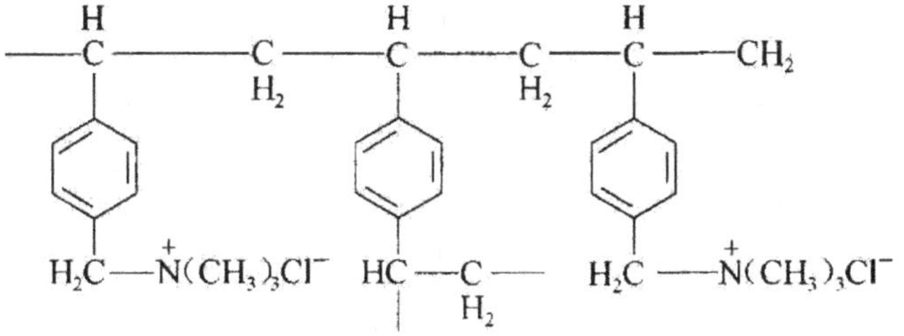

图 5-12　强碱性阴离子交换树脂的结构

国产树脂中强碱性 201 号(南开大学树脂厂)、强碱性 201×7(上海树脂厂 717 号)和国外成品 Dowex 1、Dowex 2、Zerolit FF 等均属于这类树脂。

弱碱性阴离子交换树脂的交换基团是伯胺基、仲胺基、叔胺基等,结构如图 5-13 所示。

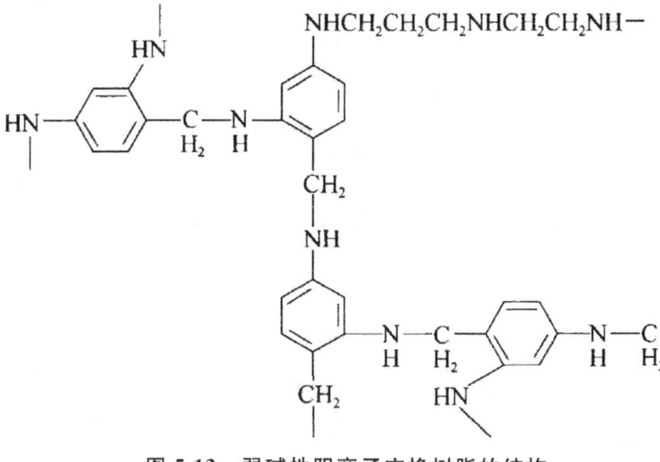

图 5-13　弱碱性阴离子交换树脂的结构

国产树脂中,弱碱 330(上海树脂厂 701 号)、弱碱 311×2(上海树脂厂 704 号)、弱碱 301 号(南开大学树脂厂)、弱碱性 330 号(南开大学树脂厂)和国外产品 Permutit W、Wofatit M、Wofatit N 等均属于这类树脂。

以上四种类型树脂性能的比较见表 5-1。

表 5-1　四种类型树脂性能的比较

性能	阳离子交换树脂		阴离子交换树脂	
	强酸性	弱酸性	强碱性	弱碱性
活性基团	磺酸	羧酸	季胺	伯胺、仲胺、叔胺
pH 对交换能力的影响	无	在酸性溶液中交换能力很小	无	在碱性溶液中交换能力很小
盐的稳定性	稳定	洗涤时水解	稳定	洗涤时水解
再生	用 3～5 倍再生剂	用 1.5～2 倍再生剂	用 3～5 倍再生剂	用 1.5～2 倍再生剂可用碳酸钠或氨水
交换速率	快	慢(除非离子化)	快	慢(除非离子化)

5.2.4　离子交换树脂的命名

1997 年我国化工部颁布了新的规范化命名法《中华人民共和国化工行业标准　工业用化学品命名》HG/T 2898—1997，离子交换树脂的型号由三位阿拉伯数字组成。第一位数字(*)表示树脂的分类，第二位数字(*)表示树脂骨架的高分子化合物类型。常见树脂的分类、骨架代号如表 5-2 所示。

表 5-2　离子交换树脂命名法分类、骨架代号

分类	骨架	代号
弱酸性	苯乙烯型	0
弱酸性	丙烯酸型	1
弱碱性	酚醛型	2
弱碱性	环氧型	3
螯合性	乙烯吡啶型	4
两性	脲醛型	5
氧化还原型	氯乙烯型	6

第三位数字(*)表示顺序号；“×”表示连接符号；“×”之后的数字(*)表示交联度，交联度是聚合载体骨架时交联剂[一般为二乙烯苯(DVB)]用量的质量百分比，它与树脂的性能有密切的关系，在表达交联度时，去掉“%”，仅把数值写在编号之后；对于大孔型离子交换树脂，在三位

数字型号前加“大”字汉语拼音首位字母“D”，表示为“D * * *”。如图 5-14 所示。

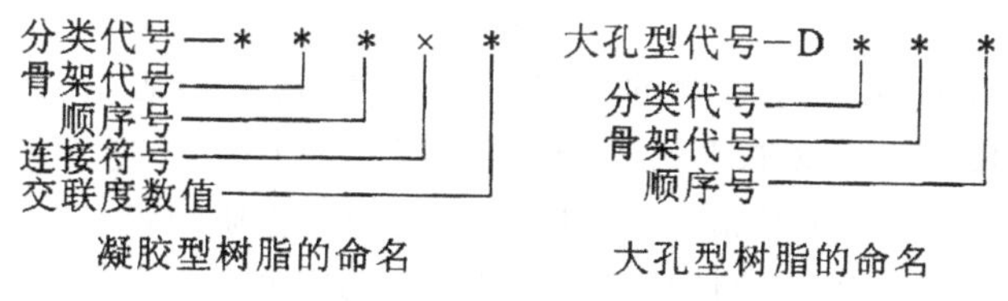

图 5-14　离子交换树脂型号表示法的示意图

例如，“001×7”树脂，第一位数字“0”表示树脂的分类属于强酸性，第二位数字“0”表示树脂的骨架是苯乙烯型，第三位数字“1”表示顺序号，“×”后的数字“7”表示交联度为 7%。因此，“001×7”树脂表示凝胶型苯乙烯型强酸性阳离子交换树脂。

5.2.5　离子交换树脂的理化性质

各种离子交换树脂的性能，由于基本原料和制备方法的不同，有很大差别。在选用离子交换树脂时一般需要考虑以下理化性质。

1. 外观和粒度

树脂的颜色有白色、黄色、黄褐色及棕色等；有透明的，也有不透明的。为了便于观察交换过程中色带的分布情况，多选用浅色树脂，用后的树脂色泽会逐步加深，但对交换容量影响不明显。大多数树脂为球形颗粒，少数呈膜状、棒状、粉末状或无定形状。球形的优点是液体流动阻力较小，耐磨性能较好，不易破裂。

树脂颗粒在溶胀状态下直径的大小即为其粒度。商品树脂的粒度一般为 16～70 目(1.19～0.2 mm)，特殊规格为 200～325 目(0.074～0.044 mm)。制药生产一般选用 16～60 目占 90%以上的球形树脂。大颗粒树脂适用于高流速及有悬浮物存在的液相，而小颗粒树脂则多用于色谱柱和含量很少的成分的分离。粒度越小，交换速度越快，但流体阻力也会增加。

2. 膨胀度

干树脂浸入水、缓冲溶液或有机溶剂后，树脂上的极性基团强烈吸水，高分子骨架吸附有机溶剂，使树脂的体积发生膨胀，此为树脂的膨胀性。通常来说，凝胶树脂的膨胀度随交联度的增大而减小，树脂上活性基团的亲水性越弱，活性离子的价态越高，水合程度越大，膨胀度越低。确定树脂装柱量时，应考虑其膨胀性能。

3. 交联度

离子交换树脂中交联剂的含量为交联度，通常用质量分数表示。例如，001×7树脂中的交联剂占合成树脂总原料的7%。通常情况下，交联度越高，树脂的结构越紧密，溶胀性越小，大分子物质越难被交换。应根据被交换物质分子的大小及性质选择适当交联度的树脂。

4. 含水量

每克干树脂吸收水分的质量称为含水量，一般为0.3～0.7 g。树脂的交联度越高，含水量越低。干燥的树脂易破碎，商品树脂常以湿态密封包装。干树脂初次使用前应用盐水浸润后，再用水逐步稀释以防止暴胀破碎。

5. 真密度和视密度

单位体积的干树脂（或湿树脂）的质量称为干（湿）真密度。当树脂在柱中堆积时，单位体积的干树脂（或湿树脂）的质量称为干（湿）视密度，又称为堆积密度。树脂的密度与其结构密切相关，活性基团越多，湿真密度越大；交联度越高，湿视密度越大。通常情况下，阳离子树脂比阴离子树脂的真密度大，凝胶树脂比相应的大孔树脂视密度大。

6. 交换容量

交换容量是每克干燥的离子交换树脂或每毫升完全溶胀的离子交换树脂所能吸附的一价离子的毫摩尔数，是表征树脂离子交换能力的主要参数，实际上是表示树脂活性基团数量多少的参数。一般选用交换容量大的树脂，可用较少的树脂交换较多的化合物，但交换容量太大，活性基团太多，树脂不稳定。

交换容量的测定方法如下所示。

（1）对于阳离子交换树脂，先用盐酸将其处理成氢型后，加入过量已知浓度的NaOH溶液，发生下述离子交换反应：

$$R^-H^+ + NaOH \rightleftharpoons R^-Na^+ + H_2O$$

待反应达到平衡后（强酸性离子交换树脂需要静置24 h，弱酸性离子交换树脂必须静置数日），测定剩余的NaOH物质的量。从消耗的碱量，就可求得该阳离子交换树脂的交换容量。

（2）对阴离子交换树脂，因羟型不太稳定，市售多为氯型。测定时取一定量的氯型阴离子交换树脂装入柱中，通入过量的 Na_2SO_4 溶液，柱内发生下述离子交换反应：

$$2R^+Cl^- + Na_2SO_4 \rightleftharpoons R_2^+SO_4^{2-} + 2NaCl$$

用铬酸钾为指示剂，用硝酸银溶液滴定流出液中的氯离子，根据洗脱下来的氯离子量，计算交换容量。

以上这样测定的仅是对无机小离子的交换容量，称为总交换容量。对于生物大分子如蛋白质由于相对分子质量大，树脂孔道对其空间排阻作用大，不能与所有的活性基团接触，而且已吸附的蛋白质分子还会妨碍其他未吸附的蛋白质分子与活性基团接触。另外，蛋白质分子带多价电荷，在离子交换中可与多个活性基团发生作用，因此蛋白质的实际交换容量要比总交换容量小得多。

7. 稳定性

稳定性包括化学稳定性和热稳定性。

(1)化学稳定性。不同类型的树脂，其化学稳定性有一定的差异。一般阳离子树脂比阴离子树脂化学稳定性更好。阴离子树脂中弱碱性树脂最差。例如，苯乙烯型强酸性阳离子树脂对各种有机溶剂、强酸、强碱等稳定，可长期耐受饱和氨水、0.1 mol/L $KMnO_4$、0.1 mol/L HNO_3 及温热 NaOH 等溶液而不发生明显破坏；羟型阴离子树脂稳定性较差，故以氯型存放为宜。

(2)热稳定性。干燥的树脂受热易降解破坏。强酸、强碱的盐型比游离酸(碱)型稳定，苯乙烯型比酚醛型稳定，阳离子树脂比阴离子树脂稳定。

8. 机械强度

机械强度是指树脂在各种机械力的作用下，抵抗破碎的能力。一般用树脂的耐磨性能来表达树脂的机械强度。测定时，将一定量的树脂经酸、碱处理后，置于珠磨机或振荡筛中撞击、磨损一定时间后取出过筛，以完好树脂的质量分数来表示。药品分离，对商品树脂的机械强度一般要求在95%以上。

5.2.6　离子交换树脂的选择性

离子交换树脂的选择性就是在稀溶液中某种树脂对不同离子交换亲和力的差异。离子与树脂活性基团的亲和力越大，则越易被树脂吸附。影响离子交换树脂选择性的因素主要有下列几项。

1. 离子的水化半径

离子在水溶液中都要和水分子发生水合作用形成水化离子，此时的半径才表达了离子在溶液中的大小。对无机离子来说，离子水化半径越小，离子对树脂活性基团的亲和力就越大，也就越容易被吸附。离子的水化半径与原子序数有关，当原子序数增加时，离子半径也随之增加，离子表面电荷密度相对减少，吸附的水分子减少，水化半径也因之减少，离子对树脂活性基团的结合力则增大。按水化半径的大小，各种离子对树脂亲和力的大小次序为

一价阳离子：

$$Li^{+} < Na^{+} \approx NH_4^{+} < Rb^{+} < Cs^{+} < Ag^{+} < Ti^{+}$$

二价阳离子：

$$Mg^{2+} \approx Zn^{2+} < Cu^{2+} \approx Ni^{2+} < Ca^{2+} < Sr^{2+} < Pb^{2+} < Ba^{2+}$$

一价阴离子：

$$F^{-} < HCO_3^{-} < Cl^{-} < HSO_3^{-} < Br^{-} < NO_3^{-} < I^{-} < ClO_4^{-}$$

同价离子中水化半径小的能取代水化半径大的。

H^+ 和 OH^- 对树脂的亲和力，与树脂的性质有关。对强酸性树脂，H^+ 和树脂的结合力很弱，其地位相当于 Li^+。对弱酸性树脂，H^+ 具有很强的置换能力。同样，OH^- 的位置取决于树脂碱性的强弱。对于强碱性树脂，其位置落在 F^- 前面；对于弱碱性树脂，其位置在 ClO_4^- 之后。强酸、强碱树脂较弱酸、弱碱树脂难再生，且酸、碱用量大，原因就在于此。

2. 离子化合价

离子交换树脂总是优先吸附高价离子，而低价离子被吸附时则较弱。例如，常见的阳离子的被吸附顺序为

$$Fe^{3-} > Al^{3-} > Ca^{2+} > Mg^{2+} > Na^{+}$$

阴离子的被吸附顺序为

柠檬酸根>硫酸根>硝酸根

3. 溶液浓度

树脂对离子交换吸附的选择性，在稀溶液中比较大。在较稀的溶液中，树脂选择吸附高价离子。

4. 离子强度

溶液中其他离子浓度高，与目的物离子进行吸附竞争，减少有效吸附

容量。另一方面,离子的存在会增加药物分子以及树脂活性基团的水合作用,从而降低吸附选择性和交换速率。一般在保证目的物溶解度和溶液缓冲能力的前提下,尽可能采用低离子强度。

5. 溶液的 pH

溶液的 pH 决定树脂交换基团及交换离子的解离程度,从而影响交换容量和交换选择性。具体如图 5-15 所示。

溶液的pH对离子交换树脂的影响
- 对于弱酸、弱碱性树脂，溶液的pH对树脂的解离度和吸附能力影响较大
- 对于弱酸性树脂，只有在碱性条件下才能起交换作用
- 对于弱碱性树脂，只能在酸性条件下才能起交换作用

图 5-15　溶液 pH 对离子交换树脂的影响

6. 有机溶剂

当存在有机溶剂时,常会使树脂对有机离子的选择性吸附降低,且易吸附无机离子。树脂上已被吸附的有机离子易被有机溶剂洗脱,因此常用有机溶剂从树脂上洗脱较难洗脱的有机物质。

7. 树脂的物理结构

通常,树脂的交联度增加,其交换选择性增加。但对于大分子的吸附,情况要复杂些,树脂应减小交联度,允许大分子进入树脂内部;否则,树脂就不能吸附大分子。由于无机小离子不受空间因素的影响,因此可利用这一原理,控制树脂的交联度,将大分子和无机小离子分开,这种方法称为分子筛方法。

8. 树脂与离子间的辅助力

凡能与树脂间形成辅助力如氢键、范德华力等的离子,树脂对其吸附力就大。辅助力常存在于被交换离子是有机离子的情况下,有机离子的相对质量越大,形成的辅助力就越多,树脂对其吸附力就越大;反过来,能破坏这些辅助力的溶液就能容易地将离子从树脂上洗脱下来。例如,尿素是一种很容易形成氢键的物质,常用来破坏其他氢键,所以尿素溶液很容易将主要以氢键与树脂结合的青霉素从磺酸树脂上洗脱下来。

5.2.7　离子交换树脂的选择

在工业应用中，对离子交换树脂的要求如图 5-16 所示。

对离子交换树脂的要求：
- 具有较高的交换容量
- 具有较好的交换选择性
- 交换速度快
- 具有在水、酸、碱、盐、有机溶剂中的不可溶性
- 具有较高的机械强度，耐磨性能好，可反复使用
- 耐热性好，化学性质稳定

图 5-16　工业应用中对离子交换树脂的要求

离子交换树脂的选用，一般应从以下几个方面考虑。

1. 被分离物质的性质和分离要求

包括目标物质和主要杂质的解离特性、相对分子质量、浓度、稳定性、酸碱性的强弱、介质的性质以及分离的要求等，其关键是保证树脂对被分离物质与主要杂质的吸附力有足够大的差异。当目标物质有较强的碱性（或酸性）时，应选用弱酸性（或弱碱性）的树脂，这样可以提高选择性，利于洗脱。

当目标物质是弱酸性（或弱碱性）的小分子时，可以选用强碱性（或强酸性）树脂。例如，氨基酸的分离多用强酸性树脂，以保证有足够的结合力，有利于分步洗脱；赤霉素为弱酸，pK_a 为 3.8，可用强碱性树脂进行提取。对于大多数蛋白质、酶和其他生物大分子的分离，采用弱碱性或弱酸性树脂，以减少生物大分子的变性，有利于洗脱，并提高选择性。

通常来说，对弱酸性和弱碱性树脂，为使树脂能离子化，应采用钠型或氯型。而对强酸性和强碱性树脂，可以采用任何类型。但如果抗生素在酸性、碱性条件下易破坏，则不宜采用氢型和羟型树脂。对于偶极离子，应采用氢型树脂吸附。

2. 树脂可交换离子的类型

由于阳离子型树脂有氢型（游离酸型）和盐型（如钠型），阴离子型树脂有羟型（游离碱型）和盐型（如氯型）可供使用，为了增加树脂活性、离子的解离度，提高吸附能力，弱酸性和弱碱性树脂应采用盐型，而强酸性和强碱

性树脂则可根据用途任意使用。对于在酸性、碱性条件下不稳定的物质，不宜选用氢型或羟型树脂。盐型适用于硬水软化，特定离子的去除、交换及抽提，但不适用于 Cl^- 与 SO_4^{2-} 的交换、脱色及抽提等。游离酸型或游离碱型的应用，除与盐型树脂有相同的作用外，还有脱盐的作用。

3. 合适的交联度

多数药物的分子较大，应选择交联度较低的树脂，以便于吸附。但交联度过低，会影响树脂的选择性，其机械强度也较差，使用过程中易造成破碎流失。所以选择交联度的原则如下：在不影响交换容量的条件下，尽量提高交联度。

4. 洗脱难易程度和使用寿命

离子交换过程仅完成了一半分离过程，洗脱是非常重要的另一半分离过程，往往关系到离子交换工艺技术的可行性。从经济角度考虑，交换容量、交换速度、树脂的使用寿命等都是非常重要的选择参数。

总之，应根据目标物质的理化性质及具体分离要求，综合考虑多方面因素来选择树脂。

第6章　色谱分离技术

6.1　概述

色谱分离是一组相关分离方法的总称，也称为色谱法、层析法、色层法、层离法等。它是一种利用物质在两相中分配系数的差别进行分离的分离方法。其中一相是固定相，另一相是流动相。当流动相流过固定相时，由于物质在两相间的分配情况不同，各物质在两相间进行多次分配，从而使各组分得到分离。

6.1.1　色谱分离的常用术语

1. 固定相

固定相是色谱的一个载体。它可以是固体物质，也可以是液体物质，这些载体能与待分离的化合物进行可逆的吸附、溶解、交换等作用。

2. 流动相

在色谱过程中，推动固定相上待分离的物质朝着一个方向移动的液体、气体或超临界体等，都称为流动相。流动相在柱色谱中称为洗脱剂，在薄层色谱中称为展层剂。

3. 分配系数与阻滞因数

分配系数是指目的物质在固定相与流动相中含量的比值，常用 K 表示，K 为一常数，和溶质浓度无关；阻滞因数（或 R_f 值）则是指目的物质在同一时间内，在固定相中移动的距离与在流动相中移动距离之比，即

$$R_f=\frac{\text{溶质的移动速度}}{\text{移动相在色谱系统中的移动速度}}=\frac{\text{溶质的移动速度}}{\text{在同一时间内溶剂（前缘）的移动距离}} \tag{6.1}$$

不同的物质,在同种溶剂中的分配系数及移动速度也不相同。因此,利用几种物质之间分配系数或迁移率的差异,就可利用色谱法将其分开。差异程度越大,分离效果就越好。

6.1.2　色谱分离的特点

与其他分离纯化方法相比,色谱分离具有如下基本特点。

1. 分离效率高

色谱分离的效率是所有分离纯化技术中最高的。这种高效的分离尤其适合于极复杂混合物的分离。通常使用的色谱柱长只有几厘米到几十厘米。

2. 选择性强

色谱分离可变参数之多也是其他分离技术无法相比的,因而具有很强的选择性。在色谱分离中,既可选择不同的色谱分离方法,也可选择不同的固定相和流动相状态,还可选择不同的操作条件等,从而能够提供更多的方法进行目的产物的分离与纯化。

3. 设备简单,操作方便

设备简单,操作方便,且不含强烈的操作条件,因而不容易使物质变性,特别适用于稳定的大分子有机化合物。

4. 应用范围广

从极性到非极性、离子型到非离子型、小分子到大分子、无机到有机及生物活性物质,以及热稳定到热不稳定的化合物,都可用色谱法分离。尤其是对生物大分子的分离,色谱技术是其他方法无法取代的。

色谱分离的缺点是处理量小、操作周期长、不能连续操作,因此主要用于实验室,而在工业生产上应用较少。

6.1.3　色谱分离的分类

色谱的分类方法很多,通常可以根据固定相载体的形式、流动相的形式和分离原理的不同进行分类。

1. 按固定相载体的形式分类

按固定相载体的形式分类,色谱法可分为纸色谱、薄层色谱和柱色谱。

(1)纸色谱。纸色谱是以滤纸为基质的色谱方法,适用于小分子物质的快速检测分析和少量分离制备。

(2)薄层色谱。薄层色谱是在玻璃或塑料等光滑表面,将基质铺成一薄层,在薄层上进行分析。该法是快速分离和定性分析少量物质的一种很重要的实验技术,属于固-液吸附色谱。此法特别适用于挥发性较小或较高温度易发生变化而不能用气相色谱分析的物质。

(3)柱色谱。柱色谱为色谱技术中最常用的一种形式,适用于样品的分离、分析。生化领域中常用的凝胶色谱、离子交换色谱、亲和色谱等,都采用柱色谱的范畴。

2. 按流动相的形式分类

按流动相的形式分类,色谱法可分为气相色谱和液相色谱。

(1)气相色谱。气相色谱是流动相为气体的色谱,根据固定相的不同分为气-固色谱和气-液色谱。由于样品在气相中传递速度快,因此样品组分在流动相和固定相之间可以瞬间达到平衡,加上可选作固定相的物质很多,因此气相色谱法是一个分析速度快和分离效率高的分离分析方法。但由于气相色谱在分析测定样品时需要汽化,限制了在生化领域的广泛应用,主要用于氨基酸、核酸、糖类和脂类等小分子的检测和分离。

(2)液相色谱。液相色谱是流动相为液体的色谱,根据固定相的不同,可分为液-固色谱和液-液色谱。液相色谱是生物领域最常用的色谱方式,其中高效液相色谱法引入了气相色谱的理论,流动相改为高压输送,色谱柱是以特殊的方法用小粒径的填料填充而成,从而使柱效大大提高;同时柱后安装有高灵敏度的检测器,可对流出物进行连续检测,适用于各种生物制品和药品的分析检测。

此外,超临界流体色谱是指用超临界流体作流动相,以固体吸附剂(如硅胶)或键合到载体(或毛细管壁)上的高聚物为固定相的色谱法。超临界流体是在高于临界压力和临界温度时的一种物质状态,它既不是气体也不是液体,但兼有气体和液体的某些性质。

3. 按分离原理的不同分类

按分离原理的不同分类,色谱法可分为吸附色谱、分配色谱、凝胶过滤色谱、离子交换色谱、亲和色谱、疏水色谱等。

(1)吸附色谱。吸附色谱是根据固定相对混合物中各组分吸附能力的不同而实现分离的一种方法。根据物质状态不同，可分为固-液吸附和固-气吸附；按照吸附手段，可分为物理吸附、化学吸附和半化学吸附。

(2)分配色谱。分配色谱是根据在一个有两相同时存在的溶剂系统中，不同物质的分配系数不同而达到分离目的的一种色谱技术。

(3)凝胶过滤色谱。凝胶过滤色谱又称为分子筛色谱，是以具有网状结构的凝胶作为固定相，是根据各组分分子大小和形状不同而对混合物进行分离的方法。

(4)离子交换色谱。离子交换色谱是根据混合物中各组分在一定条件下带电荷的种类、数量及电荷的分布不同，按结合力由弱到强的顺序洗脱下来得以分离的方法。

(5)亲和色谱。亲和色谱是利用偶联亲和配基的亲和吸附介质为固定相吸附目的产物，从而使目的产物得以分离与纯化的方法。

(6)疏水色谱。疏水色谱是利用溶质分子的疏水性差异，从而与固定相间疏水作用的强弱不同实现分离的色谱方法。

4. 按色谱动力学过程不同分类

按色谱动力学过程不同分类，色谱法可分为洗脱分析法、顶替法和迎头法。

(1)洗脱分析法。洗脱分析法是色谱过程中最常使用的方法。将试样加入色谱柱入口端，然后再用流动相冲洗柱子，由于各组分在固定相上的吸附(或溶解)能力不同，于是被流动相带出的时间也就不同。这种方法的分离效能高，除去流动相后可得到多种高纯度(99.99%以上)的物质，可用于纯物质的制备。

(2)顶替法。顶替法就是当试样加入色谱柱后，再将一种吸附能力比所有组分都强的物质加入柱中。此后各组分依次顶替流出，吸附能力最弱的组分将首先流出色谱柱。这种方法有利于组分分离，而且可以得到比较大量的纯物质，但方法的局限性较大。

(3)迎头法。迎头法就是将样品连续不断地通入色谱柱中，在柱后可得到台阶形的浓度变化曲线。根据台阶的位置定性，根据台阶的高度进行各个组分的定量。这种方法很简单，但在分析复杂组成样品时，不易获得准确的结果。

6.1.4　色谱分离方法的选择

应用色谱分离技术制备的目的产物包括初级代谢产物如氨基酸、有机酸、核苷酸、单糖类、脂肪酸等，次级代谢产物如生物碱、萜类、糖苷、色素、鞣质类、抗生素以及各种生物大分子物质如蛋白质、酶、多肽、核酸、多糖等。使用色谱技术分离纯化这些物质时常根据如图 6-1 所示的几个方面来选择不同的色谱分离方法。

色谱分离方法的选择：
- 目的产物的分子结构、物理化学特性及相对分子质量的大小
- 主要杂质，特别是分子结构、大小和理化特性与目的产物相近的杂质成分与含量
- 目的产物在色谱分离过程中生理活性的稳定性

图 6-1　色谱分离方法的选择

一些常用的色谱分离技术及其分离特点见表 6-1。

表 6-1　生物分离常用的色谱分离技术

色谱方法	常用来分离的化合物	分离机理	可能存在的优势	可能存在的缺陷
吸附色谱	DNA、RNA、蛋白质	非特异性的化学反应	分离单螺旋和双螺旋 DNA	对许多蛋白质混合物不具有特异性
离子交换色谱	蛋白质、有机离子	静电作用	对蛋白质序列的微小改变很敏感，能够改变表面电荷	受 pH 范围的限制，需要高盐等条件再生
凝胶色谱	除去缓冲离子、蛋白质	分子大小	简单，无反应机制	固定相刚性不强，限制流速
亲和色谱	蛋白质、肽类	复杂的、特异性的反应	大范围的特异性的配基反应	固定相昂贵

6.1.5　柱色谱法的操作

柱色谱是将固定相装在色谱柱中，使样品朝着一个方向移动，通过各组分随流动相流动而得到分离的方法，是目前最常用的色谱类型（图 6-2）。

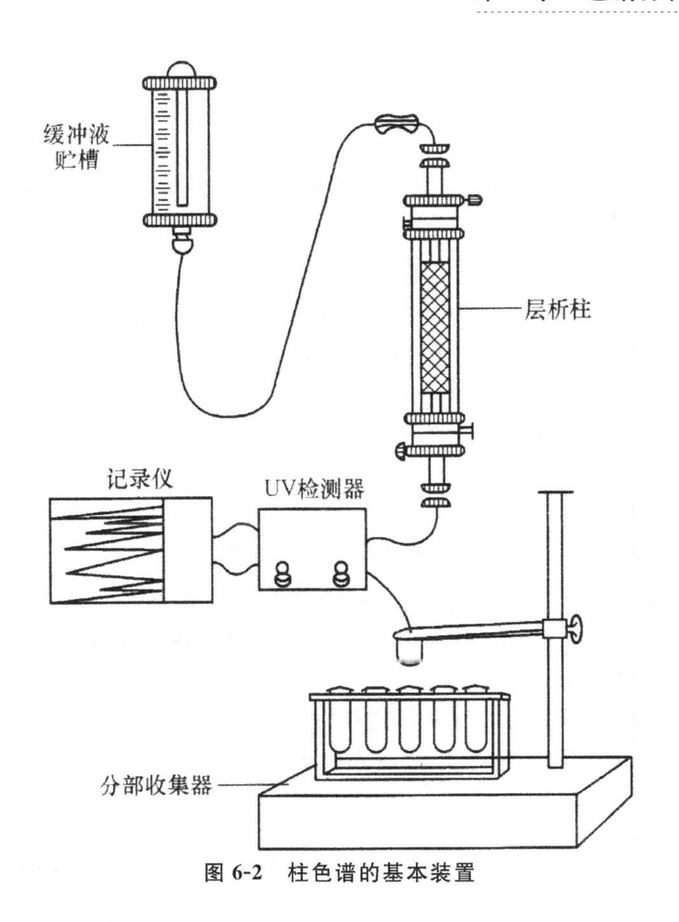

图 6-2　柱色谱的基本装置

1. 介质的选择和准备

首先根据被分离组分的物理、化学性质及处理规模，选择合适的色谱技术和相应的色谱剂，不同存在形式的色谱剂处理的方法不同。若是预装柱形式的，则预装柱经平衡后可直接加样；若是固液悬浮形式的，使用前静置使介质沉降于容器底部，倾去上清液，添加平衡液置换储存剂，搅匀后即可装柱；若是固态干粉形式的，使用前需先用平衡液进行充分溶胀，静置沉降分层后方可装柱。

2. 装柱

装柱是柱层析法成功分离纯化物质的关键步骤之一，所以装柱的质量好坏至关重要。一般要求柱子装得要均匀，不能分层，柱中不能出现气泡等，否则须重新装柱。

装柱前应根据生产规模和层析类型选择合适的层析柱，一般柱子的直径与长度比为 1∶(10～50)；凝胶柱可以选为 1∶(100～200)。洗涤干净后，检查层析柱是否渗漏，并保证层析柱垂直安装。将介质悬液轻微搅拌均匀，利用玻璃棒引流，尽可能一次性将介质倾入层析柱，注意液体应沿着柱内壁流下，防止有气泡产生。

若当介质沉降后发现柱床高度不够，需要再次向柱内补加介质时，应将已沉降表面轻轻搅起，防止两次倾倒产生界面。介质倾注完毕应关闭柱下端出口，静置至介质完全沉降。

柱子装好后要用所需的平衡液平衡柱子，目的是确保层析柱中介质填料网孔和间隙中的液体与洗脱剂在组成、pH 和离子强度等方面达到完全一致。平衡液体积一般为柱床体积的 3～5 倍。

3. 上样

上样过程是将一定体积的样品添加至色谱柱顶端，并使其进入色谱柱，依靠重力或泵提供的压力使样品进入床面的过程。

在色谱过程中，对于介质特别是高分辨率介质来说，若要延长其使用寿命，得到好的分离效果，样品溶液中不应有颗粒状物质存在，因此样品溶液配制后应过滤除去未溶解的固体颗粒。同样，样品的黏度也是影响上样量和分离效果的一个重要方面，高黏度的样品会造成色谱过程中区带不稳定及不规则的流型，洗脱峰出现明显的异常，严重影响分辨率。

4. 洗脱

当选定好洗脱液后，洗脱的方式可分为简单洗脱、分步洗脱和梯度洗脱，如图 6-3 所示。

洗脱的方式
- 简单洗脱。柱子始终用同样的一种溶剂洗脱，直到色谱分离过程结束为止。如果被分离物质对固定相的亲和力差异不大，其区带的洗脱时间间隔(或洗脱体积间隔)也不长，采用这种方法是适宜的。但选择的溶剂必须很合适方能使各组分的分配系数较大，否则应采用下面的方法
- 分步洗脱。这种方法按照递增洗脱能力顺序排列的几种洗脱液，进行逐级洗脱。它主要对混合物组成简单、各组分性质差异较大或需快速分离时适用，每次用1种洗脱液将其中1种组分快速洗脱下来
- 梯度洗脱。当混合物中组分复杂且性质差异较小时，一般采用梯度洗脱。它的洗脱能力是逐步连续增加的，梯度可以指浓度、极性、离子强度或pH等。最常用的是质量分数梯度。在水溶液中，亦即离子强度梯度

图 6-3 洗脱的方式

5. 样品的检测、收集

样品进行色谱时,各组分的分离情况、目标分子的洗脱情况等通过检测器反映在色谱图谱中,检测器与色谱柱的下端相连,柱中流出的洗脱液直接进入检测器的流动池,由检测器测出相应的读数,对应不同的组分浓度。

根据样品中组分性质的不同,有多种不同的检测器可供选择。最常用的是紫外检测器,大多数紫外检测器属于固定波长检测器,可以在3个固定波长,即280 nm、254 nm、214 nm下测定洗脱液的吸光度。对于在紫外光区无吸收或虽然有吸收但受其他物质干扰较大的样品,则宜采用示差折光检测器进行检查。

6. 介质的清洗、再生和储存

色谱结束后会有一定数量的物质,如变性蛋白、脂类等污染物比较牢固地结合在介质上,用洗脱剂无法将其洗脱。残留的物质会干扰以后的分离纯化,影响到组分在色谱时的表现,造成分辨率的下降,并可能对样品造成污染,以及使得色谱背景压力上升,甚至堵塞色谱柱。因此,根据样品中污染物含量的多少,在每次或连续数次色谱后彻底清洗掉色谱柱的结合物质,恢复介质的原始功能。

清洗过程既可以在色谱柱内进行,使一定体积的清洗剂通过色谱柱,也可将介质从柱中取出,清洗完再重新装柱。若所用色谱柱是预装柱,则必须在色谱柱内清洗,将其拆卸会导致柱效严重下降。清洗中若用常规清洗方法不能将一些含特殊组分的污染物除去,则必须针对污染物的类型,采用具有针对性或专属清洗方法。选用清洗剂的前提是应保证介质在清洗时具有较好的稳定性。

6.2 吸附色谱法

吸附色谱法是依靠溶质与吸附剂之间的分子吸附力的差异而分离的方法。吸附力主要是范德华力,有时也可能形成氢键或化学键。吸附法的关键是选择吸附剂和展开剂。

6.2.1 吸附的原理

当溶液中某组分的分子在运动中碰到一个固体表面时,分子会贴在固定表面上,这就发生了吸附作用。通常来说,任何一种固体表面都有一定程度的吸引力。这是因为固体表面上的质点(离子或原子)和内部质点的处境不同:内部质点间的相互作用力是对称的,其力场会相互抵消;而处在固体表面的质点,其所受的力不对称。通常来说,向内的一面受到固体内部质点的作用力大,而表面层所受的作用力小,于是产生固体表面的剩余作用力。这就是同体可以吸附溶液组分的原因,也就是吸附作用的实质。

在不同的条件下,溶液中某组分的分子与固体之间的吸附作用,既有物理作用的性质,又有化学作用的特征。物理作用力又称为范德华吸附,是分子间相互作用的范德华力所引起的,其特点是无选择性,吸附速度快,吸附的过程是可逆的,吸附热较小,吸附不牢,被吸附的分子不限于一层,可以单层或多层。化学吸附则是由于吸附剂与吸附物之间发生了电子的转移,生成化学键而产生的,其特点是有选择性,吸附速度较慢,不易解吸,放能大,一般吸附的分子是单层的。物理吸附与化学吸附可以同时发生,也可以在一定条件下互相转化,例如,当低温时是物理吸附,在升温到一定程度后则转化为化学吸附。

由于吸附过程是可逆的,因此被吸附的物质在一定条件下可以解吸出来。一定条件下,单位时间内被吸附的分子与解吸的分子之间可形成动态平衡,即吸附平衡。也就是说,吸附色谱法的过程就是不断产生平衡与不平衡、吸附与解吸的过程。

6.2.2 吸附的影响因素

固体在溶液中的吸附比较复杂,影响因素也较多,主要包括以下几方面。

1. 吸附质的性质

一般能使表面张力降低的物质,易为表面所吸附,溶质在溶剂的溶解度越大,吸附量越少,极性吸附剂易吸附极性物质,非极性吸附剂易吸附非极性物质。如非极性物质活性炭在水溶液中是一些有机化合物的良好吸附剂,极性物质硅胶在有机溶剂中能较好地吸附极性物质,对于同系列物质,排序越后的物质,极性越差,越易为非极性吸附剂所吸附,如活性炭在水溶液中对同系列有机化合物的吸附量,随吸附物分子量的增大而增大,吸附脂肪酸时吸附量随碳链增长而加大,对多肽的吸附能力大于氨基酸的吸附能力。

2. 吸附剂的性质

吸附剂的表面积越大，孔隙度越大，则吸附容量越大。一般吸附相对分子质量大的物质应选择孔径大的吸附剂，要吸附分子量小的物质，则需要选择比表面积大及孔径较小的吸附剂，而极性化合物需选择极性吸附剂，非极性化合物应选择非极性吸附剂。

3. 吸附物质的浓度与吸附剂量

在稀溶液中吸附量和浓度呈正相关关系，在吸附达到平衡时，吸附质的浓度称为平衡浓度。普遍规律是吸附质的平衡浓度越大，吸附量也越大，如用活性炭脱色时，为了避免对有效成分的吸附，往往将料液适当稀释后进行。

4. 溶液的 pH

溶液的 pH 往往会影响吸附剂或吸附质的解离情况，进而影响吸附量。如有机酸类溶于碱、胺类物质溶于酸，所以有机酸在酸性条件下、胺类在碱性条件下较易为非极性吸附剂所吸附。

5. 温度

温度会影响平衡吸附量和吸附速度。吸附一般是放热的，升高温度会使吸附速率增加，但会使平衡吸附量降低。生化物质吸附温度的选择还要考虑它的热稳定性，若吸附质是热不稳定的，一般在 0℃左右进行吸附，若比较稳定，则可在室温下操作。

6. 盐的浓度

盐类对吸附作用的影响比较复杂，有些情况下盐能阻止吸附，在低浓度盐溶液中吸附的蛋白质或酶，常用高浓度盐溶液进行洗脱。但在另一些情况下盐能促进吸附，甚至有些情况下吸附剂一定要在盐的作用下才能对某些吸附物质进行吸附，如硅胶对某种蛋白质吸附时，硫酸铁的存在可使吸附量增加许多倍。

6.2.3 吸附薄层色谱法

吸附薄层色谱法(Thin Layer Chromatography，TLC)是将吸附剂或支持剂均匀地铺在玻璃板上，铺成一薄层，然后把要分离的样品点到薄层的起始线上，用合适的溶剂展开，最后使样品中各组分得到分离。

1. 吸附薄层色谱法的原理

在吸附薄层色谱过程中，展开剂是不断供给的，所以在原点上溶质和展开剂之间的平衡不断遭到破坏，即吸附在原点上的物质不断地被解吸。

此外，解吸出来的溶质溶解于展开剂中并随之向前移动，遇到新的吸附剂表面，物质和展开剂又会部分地被吸附而建立暂时的平衡，但立即又受到不断地移动上来的展开剂的破坏，因而又有一部分物质解吸并随展开剂向前移动，如此吸附-解吸-吸附的交替过程构成了吸附色谱法的分离基础。

吸附力较弱的组分，首先被展开剂解吸下来，推向前去，故有较高的 R_f 值；吸附力较强的组分，被扣留下来，解吸较慢，被推移不远，所以 R_f 值较低。

2. 吸附剂的选择

选用吸附色谱法分离物质时，必须首先了解被分离物质的性质，然后选择合适的吸附剂，才能得到较好的分离效果。

用于薄层色谱法的吸附剂有硅胶、硅藻土、氧化铝、聚酰胺和纤维素等，其中硅胶和氧化铝的吸附性能良好，适用于各类有机化合物的分离纯化，应用最广。硅胶是微酸性吸附剂，适用于酸性物质和中性物质的分离；而氧化铝是微碱性吸附剂，适用于碱性物质和中性物质的分离，特别是对于生物碱的分离应用得最多。

选择何种类型的吸附剂，主要是根据被分离化合物的特性而定。通常薄层板有软板和硬板两类，前者是将吸附剂直接铺在板上制成的；后者是在吸附剂中加入黏合剂和水调制后涂布在板上，再经过除去水而制成的。

薄层板常用的吸附剂如下所示。

(1)硅胶 G。硅胶 G(薄层色谱用)，黏合剂为石膏(字母 G 为石膏 Gypsum 的缩写)，颗粒度为 10～40 μm。

(2)硅胶 H。硅胶 H(薄层色谱用)，不含石膏及其他有机黏合剂，颗粒度为 10～40 μm。

(3)硅胶 HF254。硅胶 HF254(薄层色谱用)，与硅胶 H 相同，所不同的是它含有一种无机荧光剂，在 λ=254 nm 紫外灯下呈荧光。

(4)硅胶 60HR。硅胶 60HR，不含黏合剂的纯产品，适合于需要特别纯的薄层，用于分离的物质需要定量用。

(5)氧化铝 G。氧化铝 G(Type 60G)，含石膏黏合剂，Type 60 是氧化铝颗粒的孔径为 6 nm。

(6)碱性氧化铝 H。碱性氧化铝 H(Type 60G)，其黏合力与氧化铝 G

相同，但不含黏合剂。

(7)碱性氧化铝 HF254。碱性氧化铝 HF254(Type 60G)，与碱性氧化铝相同，但含有一种无机荧光剂，在 λ=254 nm 紫外灯下呈荧光。

3. 展开剂的选择

在吸附色谱中，展开剂的选择一般应由实验确定。溶剂的极性越大，则对同一化合物的洗脱能力越强，R_f 值增加。因此，若用某一种溶剂展开某一成分，当发现它的 R_f 值太小时，就可考虑改用一种极性较大的溶剂，或者在原来的溶剂中加入一定量的另一种极性较大的溶剂。

在吸附色谱法中，组分的展开过程涉及吸附剂、被分离化合物和溶剂三者之间的相互竞争，情况很复杂。到目前为止，还只是凭经验来选择。其基本原则如图 6-4 所示。

展开剂的选择原则：
- 展开剂对被分离组分有一定的解吸能力，但又不能太大。
- 在一般情况下，展开剂的极性应该比被分离物质略小
- 展开剂应该对被分离物质有一定的溶解度

图 6-4　展开剂的选择原则

常用溶剂的极性次序如下：

己烷＜环己烷＜四氯化碳＜甲苯＜苯＜氯仿＜乙醚＜乙酸乙酯＜丙酮＜正丙醇＜乙醇＜甲醇＜水＜冰醋酸

氧化铝和硅胶薄层色谱使用的展开剂一般以亲脂性溶剂为主，加一定比例的极性有机溶剂。被分离的物质亲脂性越强，所需要展开剂的亲脂性也相应增强。在分离酸性或碱性化合物时，需要少量酸或碱，以防止拖尾现象产生。聚酰胺薄层色谱常用展开剂为不同比例的乙醇水及氯仿甲醇。有机溶剂在不同的吸附介质上的色谱行为有所不同。

表 6-2 列举了常用有机溶剂在硅胶薄层板上洗脱能力顺序；表 6-3 列举了有机溶剂在氧化铝薄层上的洗脱能力顺序；表 6-4 列举了薄层分离各类物质常用的展开剂。

表 6-2　常用有机溶剂在硅胶薄层板上洗脱能力顺序

溶剂	洗脱能力递增									
	戊烷	四氯化碳	苯	氯仿	二氯甲烷	乙醚	乙酸乙酯	丙酮	二氧六环	乙腈
溶剂强度参数	0.00	0.11	0.25	0.26	0.32	0.38	0.38	0.17	0.49	0.50

表 6-3　有机溶剂在氧化铝薄层上的洗脱能力顺序

溶剂	溶剂强度参数	溶剂	溶剂强度参数	溶剂	溶剂强度参数
氟代烷	0.25	氯苯	0.30	乙酸甲酯	0.60
正戊烷	0.00	装	0.32	二甲基亚砜	0.62
异辛烷	0.01	乙醚	0.38	苯胺	0.62
石油醚	0.01	氯仿	0.40	硝基甲烷	0.64
环己烷	0.04	二氯甲烷	0.42	乙腈	0.65
环戊烷	0.05	甲基异丁基酮	0.43	吡啶	0.71
二硫化碳	0.15	四氢呋喃	0.45	丁基溶纤剂	0.74
四氯化碳	0.18	二氯乙烷	0.49	异丙醇	0.82
二甲苯	0.26	甲基乙基酮	0.51	正丙醇	0.82
异丙醚	0.28	1-硝基丙烷	0.53	乙醇	0.88
氯代异丙烷	0.29	丙酮	0.56	甲醇	0.95
甲苯	0.29	二氧六环	0.56	乙二醇	1.11
氯代正丙烷	0.30	乙酸乙酯	0.58	乙酸	大

表 6-4　薄层分离各类物质常用的展开剂

被分离的物质	载体	展开溶剂
氨基酸	硅胶 G	(1)70%乙醇或 96%乙醇：20%氨水=4：1 (2)正丁醇：乙酸：水=6：2：2 (3)酚：水=3：1(质量比) (4)正丙醇：水=1：1 或酚：水=10：4 (5)氯仿：甲醇：17%氨水=2：2：1
	氧化铝	正丁醇：乙醇：水=6：4：4
	纤维素	(1)正丁醇：乙酸：水=4：1：5 (2)吡啶：丁酮：水=15：70：15 (3)正丙醇：水=7：3 (4)甲醇：水：吡啶=80：20：4
多肽	硅胶 G	(1)氯仿：丙酮=9：1 (2)环己烷：乙酸乙酯=9：1 (3)氯仿：甲醇=9：1 (4)丁醇饱和的 0.1% NH_4OH

续表

被分离的物质	载体	展开溶剂
蛋白质及酶	Sephadex G-25	(1)0.05 mol/L NH_4OH (2)水
	DEAE-Sephadex G-25	各种浓度的磷酸缓冲液
水溶性B族维生素	硅胶G	乙酸：丙酮：甲醇：苯=1：1：4：14
	氧化铝	甲醇或四氯化碳或石油醚
脂溶性B族维生素	硅胶G	(1)石油醚：乙醚：乙酸=90：10：1 (2)丙酮：己烷：甲醇=50：135：13
核苷酸	纤维素G	(1)水 (2)饱和硫酸铵：1 mol/L 乙酸钠：异丙醇=80：18：2 (3)丁醇：丙酮：乙醇：5%氨水：水=3.5：2.5：1.5：1.5：1
	DEAE-纤维素	(1)0.02～0.04 mol/L HCl (2)0.2～2 mol/L NaCl
	硅胶G	(1)正丁醇饱和液 (2)异丙酮：浓氨水：水=6：3：1 (3)正丁醇：乙酸：水=5：2：3 (4)正丁醇：丙酮：冰醋酸：5%氨水：水=3.5：2.5：1.5：1.5：1
脂肪酸	硅胶G、硅藻土	(1)石油醚：乙醚：乙酸=70：30：1 (2)乙酸：甲腈=1：1 (3)石油醚：乙醚：乙酸=70：30：1
脂肪类	硅胶G	(1)石油醚(沸点60～90℃)：苯=95：5 (2)石油醚：乙醚=92：8 (3)四氯化碳 (4)氯仿 (5)石油醚：乙醚：冰醋酸=90：10：1(或80：10：1)

续表

被分离的物质	载体	展开溶剂
糖类	硅胶 G-0.33 mol/L 硼酸	(1)苯∶冰醋酸∶甲醇=1∶1∶3 (2)正丁醇∶丙酮∶水=4∶5∶1 (3)氯仿∶丙酮∶冰醋酸=6∶3∶1 (4)正丁醇∶乙酸乙酯∶水=7∶2∶1
	硅藻土	(1)乙酸乙酯∶异丙醇∶水=65∶23.5∶11.5 (2)苯∶冰醋酸∶甲醇=1∶1∶3 (3)甲基乙基丙酮∶冰醋酸∶甲醇=3∶1∶1
磷脂	硅胶 G	(1)氯仿∶甲醇∶水=80∶25∶3 (2)氯仿∶甲醇∶水=65∶25∶4(或 65∶2∶4 或 13∶6∶1)
生物碱	硅胶 G	(1)氯仿+(1%～15%)甲醇 (2)氯仿∶乙二胺=9∶1 (3)乙醇∶乙酸∶水=60∶30∶10 (4)环已烷∶氯仿∶乙二胺=5∶4∶1
	氧化铝 G	(1)氯仿 (2)环已烷∶氯仿=3∶7,再加 0.05%二乙胺 (3)正丁醇∶二丁醚∶乙酸=40∶50∶10
酚类	硅胶 G	(1)苯 (2)石油醚∶乙酸=90∶10 (3)氯仿 (4)苯∶甲醇=95∶5

4. 吸附薄层色谱法的操作

(1)薄层板的制备。制备薄层板时，首先应选择板的大小。通常来说，板的大小应根据实验的需要来选用，通常作为定性分析的载板片为 8.0 cm×3.0 cm，而作为制备用的载板片为 20.0 cm×20.0 cm；然后，再先用洗涤剂清洗板表面，使其光滑清洁，然后用水洗涤、烘干。以防因板表面有污物，导致吸附剂涂不上去或者容易剥落；最后，设法使吸附剂附着于板平面上即可。

下面介绍两种使用较多的薄层板制备方法。

1)干法铺板(软板)。多用于氧化铝薄层板的制备。在一块边缘整齐的玻璃板上,撒上氧化铝,取一合适物品顶住玻璃板右端。两手紧握铺板玻璃棒的边缘,按箭头方向轻轻拉过,一块边缘整齐、薄厚均匀的氧化铝薄层即成。具体操作如图 6-5 所示。

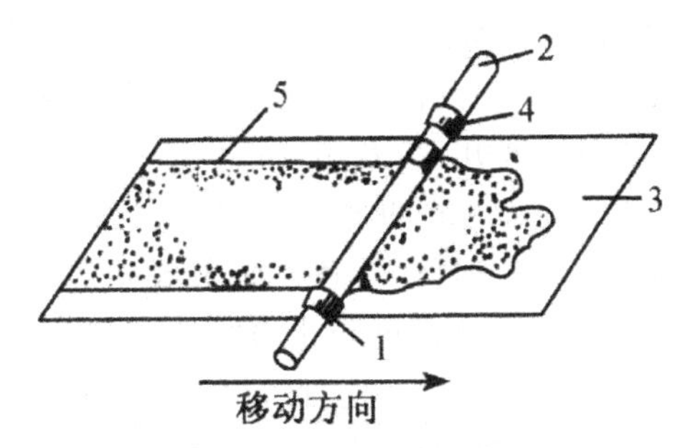

图 6-5　干法铺板的操作

1—调节薄层厚度的塑料环;2—均匀直径的玻璃棒;
3—玻璃板;4—防止玻璃滑动的环;5—薄层吸附剂

2)湿法铺板(硬板)。可用于硅胶、聚酰胺、氧化铝等薄层板的制备,但最常用的是硅胶硬板。为使铺成的硅胶板坚固,要加入黏合剂,用硫酸钙为黏合剂铺成的板称为硅胶 G 板,用羧甲基纤维素钠作黏合剂铺成的板为硅胶-CMC 板。

a. 硅胶 G 板。取重量 5%、10%或 15%的硫酸钙,与硅胶混匀,得到硅胶 G5、G10 或 G15。用硅胶 G 和蒸馏水 1∶(3～4)的比例调成糊状,倒一定量的糊浆于玻璃板上,铺匀,在空气中晾干,于 105℃活化 1～2 h,薄层厚度为 2.5 mm 左右。

b. 硅胶-CMC 板。取硅胶加适量 0.5% CMC 水溶液[1∶3 左右(g/mL),作用同硫酸钙],将硅胶调成糊状,倒合适的量在玻璃板上或载玻片,控制铺板厚度在 2.5 mm 左右,转动或借助玻璃棒使其分布于整个玻璃表面,振动使之为均一平面,放于水平处在空气中晾干,于 105℃活化 1 h。通常情况下,薄层越薄,分离效果越好。

c. 聚酰胺板。称取聚酰胺丝或粉末 20 g,加甲酸(85%)100 mL 搅拌溶解,约 2～3 h,成透明清液。必要时用纱布滤除难溶固体,将清液倒在涤纶片基上,立即用玻璃棒推动,使液体均匀铺在片基上,厚度应为 0.15 mm 左右。薄膜铺好后,立即关闭通风橱,让甲酸慢慢挥发过夜,并在空气中风干,不可高温烘干,否则薄膜变形、折裂。

(2)点样。首先用合适的溶剂将被检测的样品溶解,最好采用与展开剂相同或极性相近或挥发性高的溶剂,并尽量将溶液配制成 0.01%～1%。

定性分析可用管口平整的毛细管(内径为0.05 mm左右)吸取样品轻轻接触到距离薄层板下端1 cm处,若在一块薄层板上需要点几个样,样品的间隔为0.5~1 cm,而且需要在同一水平上。若一次加样量不够,可在溶剂挥发后,重复点加,但每次加样后,原点扩散直径不超过2~3 mm,同时样品的量不能太多,否则会造成斑点过大,相互交叉或拖尾现象。定量分析需要刻度精确的注射器点样,若一次加样量不足,也可以在溶剂挥发后继续滴加。

(3)展开。展开操作需要在密闭的容器中进行,根据薄层板的大小,选择不同的色谱缸。配好展开剂,若用5 cm×15 cm的薄板,需要展开剂10~20 mL;若用2.5 cm×7 cm的薄板,只需要用2~5 mL展开剂。将展开剂倒入色谱缸,放置一定时间,待色谱缸被展开剂饱和后,再迅速将薄层板放入,密闭,展开即开始,这样可防止边缘效应的产生。所谓边缘效应为溶剂前不是一条直线,而是一条向上凸起的曲线。若有边缘效应产生,即使把同一化合物点在一条笔直的起始线上,结果由于它们的移动速度不同,分离后斑点不在一条直线上,容易被误认为结构不同的几个化合物,且斑点不集中。

另外,需要注意的是,在薄板放入色谱缸时,切勿使溶剂浸没样品点。当溶剂移动到接近薄板上端边缘时,取出薄板,划出溶剂前沿。

展开方式可分为以下三类。

1)上行展开法和下行展开法。上行展开法是最常用的展开法,是指将滴加样品后的薄层,置入盛有适当展开剂的标本缸、大量筒或方形玻缸中,并使展开剂浸入薄层的高度约为0.5 cm,这时,样品中的不同组分将随着展开剂从下往上爬行而分开。与上行展开法相比,下行展开则是将展开剂放在上位槽中,使展开剂由上向下流动,并借助滤纸的毛细管作用转移到薄层上,从而达到分离的效果。下行展开法中,由于展开剂受重力的作用而移动较快,所以展开时间比上行法要短。

2)单次展开法和多次展开法。单次展开是指用展开剂对薄层展开一次。当展开分离效果不好时,可考虑多次展开。操作时只需将薄层板自色谱缸中取出,吹去展开剂,重新放入盛有另一种展开剂的缸中进行第二次展开。展开过程中,需要使薄层的顶端与外界敞通,一方面方便展开剂走到薄层的顶端尽头,另一方面则可以使展开连续进行,以利于R_f值很小的组分得以分离。

3)单向展开法和双向展开法。上面谈到的都是单向展开,也可取方形薄层板进行双向展开。

(4)显色。显色是薄层色谱法鉴定有机物质的一个重要步骤。通常样品经展开结束后,首先使用紫外灯,观察有无荧光点,用铅笔画出有斑点的位置，再选用显色剂。表 6-5 列举了腐蚀性万能薄层显色剂。

表 6-5 腐蚀性万能薄层显色剂

试剂	组成和用法
浓硫酸	喷上浓硫酸，加热到 100～110℃
50%硫酸	喷上后，加热到 200℃，在日光或紫外灯下观察
硫酸：乙酸酐＝1：3	喷上后加热
H_2SO_4-$KMnO_4$	0.5 g $KMnO_4$ 溶于 15 mL 浓硫酸，喷后加热
H_2SO_4-$HCrO_4$	将 $HCrO_4$ 溶于浓硫酸中使成饱和溶液，喷后加热
H_2SO_4-HNO_3	喷 H_2SO_4-HNO_3(1：1)后加热，或用含有 5% HNO_3 的浓硫酸，喷后加热
$HClO_4$	喷 2%(或 25%) $HClO_4$ 溶液后，加热至 150℃
I_2	喷 1%碘的甲醇溶液，或放在含有 I_2 结晶的密闭器皿内

常用的显色法有紫外线照射法、喷雾法、碘蒸气法和生物显迹法。

1)紫外线照射法。常用的紫外线波长有两种：254 nm 和 365 nm。有些化学成分在紫外灯下会产生荧光或暗色斑点，可直接找出色点位置。对于在紫外灯下自身不产生颜色但有双键的化合物可用掺有荧光素的硅胶(GF254 或 HF254)铺板，展开后在紫外灯下观察，板面为亮绿色，化合物为黑色斑点。

2)喷雾法。每类化合物都有特定的显色剂，展开完毕。进行喷雾显色，多数在日光下可找到色点。需要注意的是，氧化铝软板在展开后，取出立即划出前沿，趁湿喷雾显色。若干后显色，吸附剂会被吹散。图 6-6 所示显示了常用的喷雾器形式。

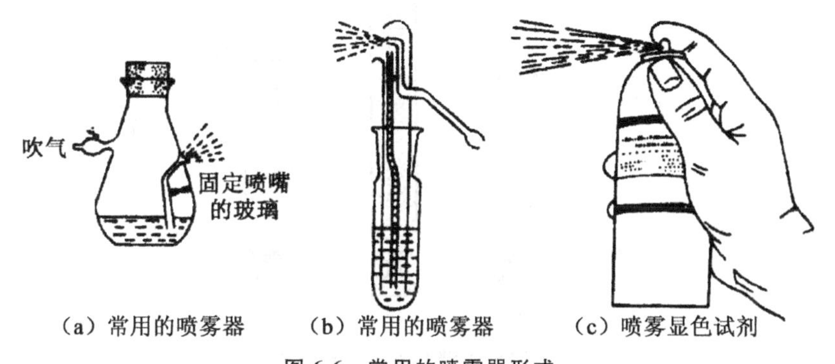

(a) 常用的喷雾器　(b) 常用的喷雾器　(c) 喷雾显色试剂

图 6-6 常用的喷雾器形式

3)碘蒸气法。碘蒸气法是指当薄层展开结束后，取出让溶剂挥发干，需要时可用电吹风吹干，放入到碘蒸气饱和的密闭容器中显色，许多物质都能与碘生成棕色的斑点。

4)生物显迹法。生物显迹法是将一张用缓冲溶液浸湿的滤纸，覆盖在板层上，上面用另一块玻璃压住，10～15 min后取出滤纸，然后立即覆盖在接有试验菌种的琼脂平板上，在适当温度下，经一定时间培养后，即可显出抑菌圈。通常来说，抗生素等生物活性物质都可以用生物显迹法进行显色。

5. 吸附薄层色谱法的应用

吸附薄层色谱法是一种微量、快速、简便、分离效果理想的方法，一般用于摸索柱色谱法的条件，即寻找分离某种混合物进行柱色谱分离时所用的填充剂及洗脱剂。此外，用于鉴定某化合物的纯度；还可直接用于混合物的分离。

6.2.4 吸附柱色谱法

1. 吸附柱色谱法的原理

吸附柱色谱法是一种以固体吸附剂为固定相，以有机试剂或缓冲溶液为流动相的柱状色谱方法。吸附柱色谱法的基本原理同吸附薄层色谱法，也是利用吸附剂对混合物中各种成分吸附能力的差异，并在洗脱剂作用下使其不断地进行洗脱和吸附，从而达到分离纯化的目的。吸附柱色谱装置及分离过程如图6-7所示。

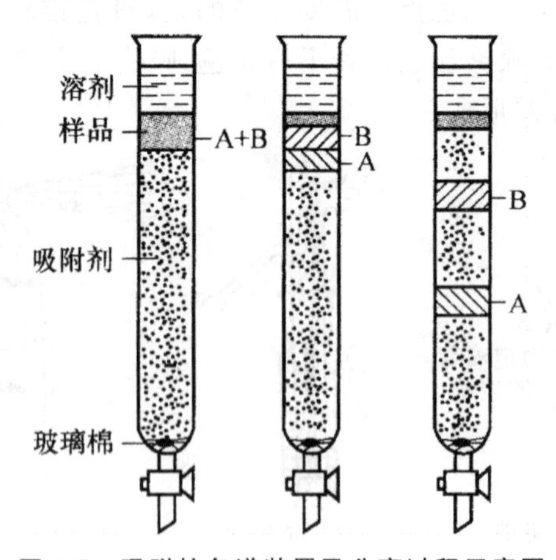

图6-7 吸附柱色谱装置及分离过程示意图

2. 色谱柱的选择

色谱柱通常用玻璃柱,这样可以直接观察色带的移动情况,柱应该平直,直径均匀。工业上大型色谱柱可以用金属制造,有时在柱壁上嵌一条有机玻璃带,便于观察。

柱的入口端应该有进料分布器,使进入柱内的流动相分布均匀。有时也可在色谱柱顶端加一层多孔的尼龙圆片或保持一段缓冲液层。柱的底部可以用玻璃棉,也可用砂芯玻璃板或玻璃细孔板支持固定相,最简单的也可以用铺有滤布的橡皮塞。砂芯板最好是活动的,能够卸下,这样色谱过程结束后,能够将固定相推出。若色带是有颜色的,则可将它们分段切下,有时可以利用这种方法做定量检测。

柱的出口管子应该尽量短些,这样可以避免已分离的组分重新混合。在分离生物物质时,有些色谱柱需要带有夹套,以保持操作过程能在适宜的温度下进行;还有些柱应该能进行消毒,以免微生物的污染。消毒可以是高压消毒,也可以用过氧乙酸等杀菌剂消毒。

通常情况下,柱的内径和长度比为 1∶(10～30)。柱直径大多为 2～15 cm。柱径的增加可使样品负载量成平方地增加,但柱径大时,流动很难均匀,色带不容易规则,因而分离效果差;柱径太小时,进样量小,且使用不便,装柱困难,但适用于选择固定相和溶剂的小实验。实验室中所用的柱,直径最小为几毫米。

色谱柱的长度与许多因素有关,包括色谱分离的方法、色谱剂的种类、容量和粒度,填装的方法和填装的均匀度等。此外,设计柱长时需考虑的要点如图 6-8 所示。

设计柱长时需考虑的要点:
- 柱的最小长度取决于所要达到的分离程度。目的产物的分离程度分辨率低,需要较长的色谱柱
- 较大的柱直径需要较长的色谱柱
- 柱越长,长度和内径比越大,就越难得到均匀的填装。就目前采用的匀浆填装技术,填装长度一般不超过50 cm。而大多数色谱柱的长度在25 cm左右。直径大时,柱长可长一些

图 6-8 设计柱长时需考虑的要点

色谱柱填装的好坏,直接影响色谱分离的效果。不均匀的填装必然导致不规则的流型。装柱时,最好将色谱剂先与不超过色谱剂用量的一份缓冲液调成浆状料,然后将浆料慢慢地边加边搅拌,一次加完。同时,将柱底部的出口阀打开,以便色谱剂迅速沉降。倾倒完浆料之后,再用几倍体积

的缓冲液流过色谱柱，以保证平衡。浆料中如有空气，可用真空抽吸除去。

3. 吸附剂的选择

在实践中，不论选择哪种类型的吸附剂，都应具备表面积大，颗粒均匀，吸附选择性好、稳定性强和成本低廉等性能。目前，常用的吸附剂有以下几种。

(1)氧化铝。氧化铝为亲水性吸附剂，吸附能力较强，适用于分离亲脂性成分。通常来说，中性氧化铝适用于分离生物碱、萜类、甾类、挥发油、内酯及某些苷类；酸性氧化铝适用于分离酸性成分；碱性氧化铝适用于分离碱性成分。

(2) 硅胶。硅胶也是亲水性吸附剂，吸附能力较氧化铝弱，但使用范围远比氧化铝广，亲脂性成分及亲水性成分都可适用。天然物中存在的各类成分大都可用硅胶进行分离。

(3)聚酰胺。聚酰胺的吸附原理主要是分子中的酰氨基可与酚类、酸类等成分形成氢键，因此，主要用于分离黄酮类、蒽醌类、酚类、有机酸类、鞣质等成分。

(4)活性炭。活性炭是疏水性(非极性)吸附剂，主要用于分离水溶性成分，如氨基酸、糖、苷等物质。

4. 洗脱剂的选择

吸附剂选择好之后，要进行洗脱剂的选择。原则上要求所选的洗脱剂纯度合格。与样品和吸附剂不起化学反应，对样品的溶解度大，黏度小，容易流动，容易与洗脱的组分分开。

常用的洗脱剂有饱和的碳氢化合物、醇、酚、酮、醚、卤代烷、有机酸等。选择洗脱剂时，可根据样品的溶解度、吸附剂的种类、溶剂极性等方面来考虑，极性大的洗脱能力大，因此可先用极性小的作洗脱剂。使组分容易被吸附，然后换用极性大的溶剂作洗脱剂，使组分容易从吸附柱中洗出。

为了摸索色谱条件，可以首先将被分离物质进行薄层色谱分离，选择较好的色谱条件。若混合物各组分的 R_f 相差很大，可直接用薄层展开剂作为柱色谱洗脱剂。若各组分结构相似，R_f 相差很小，则需采用梯度洗脱法。

氧化铝和硅胶柱色谱，常选用非极性溶剂加入少量极性有机溶剂作为梯度洗脱剂。柱层色谱开始时，只用非极性溶剂，然后慢慢增加极性溶剂的比例，这种洗脱方法叫作梯度洗脱。若选择的薄层展开剂是氯仿-甲醇(8∶2)时，做柱色谱时先用氯仿洗脱，然后在适当的时候，逐步更换为氯仿-甲醇(98∶2、95∶2、90∶10 等)。

聚酰胺在水中吸附能力最强，在碱液中吸附能力最弱。聚酰胺柱色谱常用的洗脱剂为稀醇，一般柱色谱开始用水，然后依次用 10%、30%、50%、70%、95%的乙醇作为洗脱剂，也可用不同浓度的稀甲醇或丙酮为洗脱剂。分离极性较小的成分开始可用氯仿，然后用不同比例的氯仿-甲醇作为洗脱剂。若有些成分难被洗脱，可用 3.5%氨水洗脱。

活性炭柱的洗脱剂先后顺序为 10%、20%、30%、50%、70%的乙醇溶液，也有用稀丙酮、稀乙酸或稀苯酚作洗脱剂的。某些被吸附的物质不能被洗脱，可先用适当的有机溶剂或 3.5%氨水洗脱。

5. 吸附柱色谱法的操作

(1)装柱。色谱柱填装的好坏，直接影响色谱分离的效果，不均匀的填装必然导致不规则的流型。目前，比较流行的有湿法装柱和干法装柱两种装柱方法。

干法装柱的操作步骤如图 6-9 所示。

干法装柱的操作步骤：
- 在柱下端加少许棉花或玻璃棉，再轻轻地撒上一层干净的砂粒
- 打开下口，将吸附剂经漏斗缓缓加入柱中，同时轻轻敲动色谱柱，使吸附剂松紧一致
- 将洗脱剂小心沿壁加入色谱柱，至刚好覆盖吸附剂顶部平面，关紧下口活塞即可

图 6-9　干法装柱的操作步骤

湿法装柱的操作步骤如图 6-10 所示。

湿法装柱的操作步骤：
- 在柱下端加少许棉花或玻璃棉，再轻轻地撒上一层干净的砂粒
- 打开下口，将准备最初使用的洗脱剂装入柱内
- 将吸附剂连续不断地慢慢倒入柱内，随着洗脱剂慢慢流出，吸附剂将缓慢沉于柱的下端
- 待加完吸附剂后，继续使洗脱剂流出，直到吸附剂的沉降不再变动
- 再在吸附剂上面加少许棉花或小片滤纸，将多余洗脱剂放出至上面保持有1cm高液面为止

图 6-10　湿法装柱的操作步骤

(2)上样。上样分为干法上样和湿法上样两种。

干法上样的操作步骤如图 6-11 所示。

干法上样的操作步骤
- 通常情况下，被分离物质难溶于最初使用的洗脱剂，这时可选用一种对其溶解度大而且沸点低的溶剂，取尽可能少的溶剂将其溶解
- 在溶液中加入少量吸附剂，拌匀
- 挥干溶剂，研磨使之成松散均匀的粉末
- 轻轻撒在色谱柱吸附剂上面，再撒一层细砂

图 6-11　干法上样的操作步骤

湿法上样的操作步骤如图 6-12 所示。

湿法上样的操作步骤
- 把被分离的物质溶在少量色谱最初用的洗脱剂中，小心加在吸附剂上层，注意保持吸附剂上表面仍为一水平面
- 打开下口，待溶液面正好与吸附剂上表面一致时，在上面撒一层细砂
- 关紧柱活塞

图 6-12　湿法上样的操作步骤

(3)洗脱。将选择好的洗脱剂放在分液漏斗中，打开活塞连续不断地慢慢滴加在吸附柱上。同时打开色谱柱下端活塞，等份收集洗脱液，也可用保持适当流速，利用自动收集器收集。

6. 吸附柱色谱法的应用

吸附柱色谱在生物化学和药学领域有比较广泛的应用，主要体现在对生物小分子物质的分离。生物小分子物质相对分子质量小，结构和性质比较稳定，操作条件要求不太苛刻，其中生物碱、萜类、苷类、色素等次生代谢小分子物质常采用吸附色谱或反相色谱法。吸附色谱在天然药物的分离制备中占有很大的比例。

6.3　离子交换色谱法

离子交换色谱法(Ion Exchange Chromatography，IEC)是以离子交换剂为固定相，依据流动相中的组分离子与交换剂上的平衡离子进行可逆交换时的结合力大小的差别而进行分离的一种色谱方法。

6.3.1　离子交换色谱法的原理

离子交换色谱的介质是离子交换树脂，其是由基质、功能基团（$—O—CH_2CH_2N^+—H$）及反离子（Cl^-）构成的（图 6-13）。

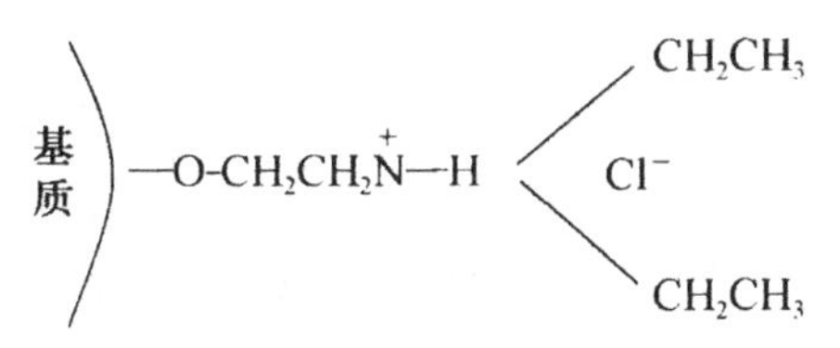

图 6-13　离子交换树脂的组成

离子交换色谱是利用离子交换树脂作为吸附剂，将溶液中的待分离组分，依据其电荷差异，依靠库仑力吸附在树脂上，然后利用合适的洗脱剂将吸附质从树脂上洗脱下来。这是一个动态平衡过程，经过多次的吸附、解吸过程，从而达到分离目标物的目的。如图 6-14 所示显示了离子交换的基本过程。

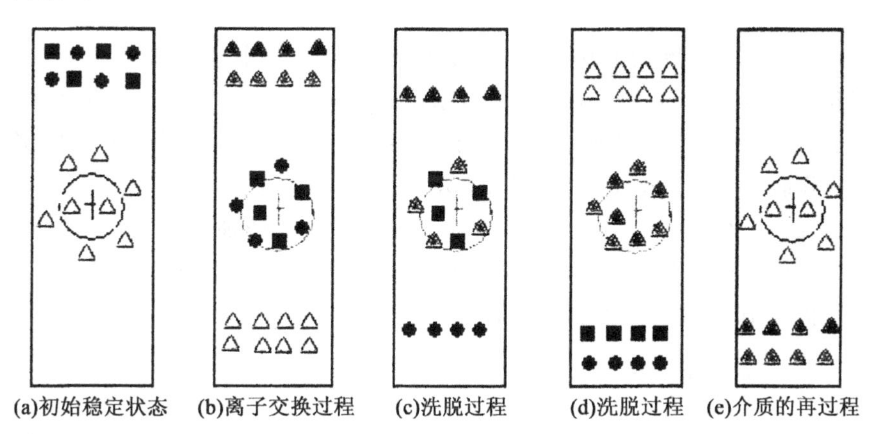

图 6-14　离子交换色谱的分离原理

（1）初始稳定状态。活性离子与功能基团以静电作用结合形成稳定的初始状态，此时从柱顶端上样，如图 6-14(a)所示。

（2）离子交换过程。此时引入带电荷的目的分子，则目的分子会与活性离子进行交换结合到功能基团上。结合的牢固程度与该分子所带电荷量成正比，如图 6-14(b)所示。

（3）洗脱过程。此时再以一梯度离子强度或不同 pH 的缓冲液将结合的分子洗脱下来，如图 6-14(c)和图 6-14(d)所示。

（4）介质的再生过程。以初始缓冲液平衡使活性离子重新结合至功能基团上，恢复其重新交换的能力，如图 6-14(e)所示。

6.3.2 离子交换色谱流动相的选择

离子交换色谱中缓冲液(流动相)的选择很重要。它们的选择取决于目标产物的 pI、离子交换剂的类型和是否需要挥发性缓冲液。若纯化的样品要被冻干，则挥发性缓冲液是有用的，尤其是目标产物浓度很低时。

一种好的缓冲液应该具有在工作 pH 条件下有高的缓冲能力、高的溶解性、高纯度及廉价等特点。缓冲液的盐也应该有高的缓冲能力，而且不应对电导率有很大干扰，不会与介质发生作用。缓冲液的浓度通常为 10～50 mmol/L。

1. 缓冲液缓冲能力

为了获得好的缓冲能力，缓冲剂的 pK_a 不能与工作 pH 相差 0.5 以上。

2. 缓冲液的浓度

缓冲液的浓度是由其平衡离子交换剂所需要的时间、需要的缓冲能力和允许的缓冲液的离子强度三个因素决定的。一个高浓度的缓冲液会减少平衡所需的时间，特别是当弱离子交换剂在一个它不必完全解离的 pH 下工作时。在工作 pH 和缓冲盐的 pK_a 之间有较大的差距，高浓度的缓冲液也提高了其缓冲能力。但是，高浓度的缓冲盐会增加离子强度，可能与试验条件不符。若工作 pH 和缓冲盐的 pK_a 相差 1，缓冲盐离子的浓度就必须提高 10 倍来保持相同的缓冲能力。

3. 缓冲液离子强度

二价盐缓冲液(如磷酸盐)能和一价盐缓冲液(如乙酸盐)有相同的缓冲能力，但没有同样低的离子强度。若必须是低离子强度的，则要选择一价盐缓冲液。

4. 温度和离子强度对缓冲液 pH 的影响

温度和离子强度都会影响 pK_a，最后影响溶液的 pH。例如，HEPES 的 $d(pK_a)/dT$ 是 −0.014，为了让其在 4℃时的 pH 为 7.6，在 25℃时必须调成 7.3。离子强度同样也影响 pK_a。当离子强度增加时，带正电荷物质的 pK_a 增大，带负电荷物质的 pK_a 减小。

5. 缓冲液与介质相互作用

应该避免选择能与介质相互作用的缓冲盐类，如磷酸盐缓冲液和阴离子交换剂共同使用，这时磷酸基团就会结合到柱子上，平衡会被破坏，导致pH的变化而使目标产物被解吸。

6. 没有缓冲能力的盐类

这类盐的加入通常是为了帮助洗脱吸附在离子交换剂上的目标物质。各种盐类的替代能力是不一样的。通过改变盐类就可能影响到目标物质的分离和选择性，但是，并非所有的目标物质都会被相同的方式影响，至少在从阴离子柱上替代小分子的过程中，多价阴离子相对单价离子来说是更好的替代剂。

离子在阳离子交换剂中的滞留能力是按照下面的顺序排列的：

$$Ba^{2+} > Ca^{2+} > Mg^{2+} > NH_4^+ > K^+ > Na^+ > Li^+$$

对一个强阴离子交换剂来说，离子滞留能力的顺序为

$$SO_4^{2-} > HSO_4^- > I^- > NO_3^- > Br^- > Cl^- > HNO_3^- > HSiO_3^- > F^- > OH^-$$

蛋白质的滞留时间受离子交换剂上带电基团对蛋白质离子竞争性的影响，同时也受其他离子的影响。有研究表明，阴离子对溶菌酶、胰凝乳蛋白酶原A、α-胰凝乳蛋白酶和细胞色素C在阳离子交换剂上滞留时间的影响顺序如下：

MOPS＜乙酸盐＜氯化物＜硫酸盐＜磷酸(钠)盐

7. 缓冲液的制备

缓冲液可以通过不同的方式制备，但也会使其在浓度上有微小的差异。因此，需要经常地检查缓冲液的电导率和pH。一般缓冲液盐离子浓度在10～50 mmol/L就足够了。若可能的话，尽量减少缓冲液中盐离子的种类。

下面提供了对于固定浓度缓冲液的最常用的配制方法。

(1)称出为了获得目标浓度适量的缓冲液盐类。

(2)用最终体积30%的液体溶解(有时为了盐完全溶解，需要加入更多的水)。

(3)加入添加剂(如去垢剂或者蛋白酶抑制剂)。

(4)调节液体量到最终体积的80%。

(5)用10倍于缓冲液盐离子浓度的酸或者碱调节其pH。

(6)用水调节至终体积。

6.3.3 离子交换色谱法的操作

1. 离子交换操作条件的选择

(1)交换pH。pH是离子交换最重要的操作条件。选择时应考虑:在分离物质稳定的pH范围内,使分离物质能离子化、使树脂能离子化。通常,对于弱酸性和弱碱性树脂,为使树脂能离子化,应采用钠型或氯型;而对于强酸性和强碱性树脂,可以采用任何形式。如果抗生素在酸性、碱性条件下易破坏,则不宜采用氢型和羟型树脂。对于偶极离子,应采用氢型树脂吸附。

(2)洗涤。离子交换后,洗脱前树脂的洗涤对分离质量影响很大。洗涤的目的是将树脂上吸附的废液及夹带的杂质除去。适宜的洗涤剂应能使杂质从树脂上洗脱下来,不与有效组分发生化学反应。常用的洗涤剂有软化水、无盐水、稀酸、稀碱、盐类溶液或其他络合剂等。

2. 装柱及上样

离子交换色谱所用柱子为玻璃、塑料及不锈钢等多种材质,且必须耐酸碱。其柱直径与长度比一般为1∶10～1∶20,有时,为了提高分离效果,也可使用更长的色谱粒。离子交换色谱的装柱与吸附柱色谱法相同,此处不再多述。

加样时,可将适当浓度的样品溶于水或酸碱溶液中配成溶液,以适当的流速通过离子交换树脂柱即可。也可将样品溶液反复通过离子交换色谱柱,直到被分离的成分全部被交换到树脂上为止。然后用蒸馏水洗涤,除去附在树脂柱上的杂质。

3. 洗脱

不同成分所用洗脱剂不同,原则上是用一种比吸附物质更活泼的离子把吸附物质替换出来。对复杂的多组分可采用梯度洗脱法,析出液按体积分段收集,再利用薄层色谱检识,将斑点相同的流分合并,回收溶剂即可得单一化合物。

4. 毒化树脂的逆转

树脂失去交换性能后不能用一般的再生手段重获交换能力的现象称为树脂的毒化。毒化的因素主要有大分子有机物或沉淀物严重堵塞孔隙、活性基团脱落、生成不可逆化合物等，重金属离子也会使树脂毒化。具体的逆转方法如下：对已毒化的树脂用常规方法处理后，再用酸、碱加热至 40～50℃浸泡，以溶出难溶杂质；也可用有机溶剂加热浸泡处理。

对不同的毒化原因须采用不同的逆转措施，不是所有被毒化的树脂都能逆转，使用时要尽可能减轻毒化现象的发生，以延长树脂的使用寿命。

5. 离子交换操作方式

常用的离子交换操作方式有以下两种。

(1)静态交换法。静态交换法也称为“间歇式”，又称为分批操作法，是将树脂与交换溶液混合置于一定的容器中，静置或进行搅拌使交换达到平衡。静态交换法操作简单，设备要求低，但由于静态交换是分批间歇进行的，树脂饱和程度低、交换不完全、破损率较高，不适于用作多种成分的分离，多用于学术研究。

(2)动态交换法。一般是指固定床法。先将树脂装柱或装罐，交换溶液以平流方式通过柱床进行交换。该法交换完全，不需搅拌，可采用多罐串联交换，使单罐进、出口浓度达到相等程度，具有树脂饱和程度高、可连续操作等优点，且可使吸附与洗脱在柱床的不同部位同时进行。动态交换法适于多组分的分离以及抗生素等的精制脱盐、中和，在软水、去离子水的制备中也多采用此种方法。

6.4　凝胶色谱法

凝胶色谱法是基于分子大小不同而进行的一种分离方法。从 20 世纪 60 年代初期开始应用，由于凝胶色谱具有操作条件温和、设备简单、操作方便、分离范围广、重复性强，并能达到比较满意的分离效果等优点，因此，发展较为快速，至今已成为生化实验室常规的方法，尤其在蛋白质、酶等生物大分子的分离纯化中得以广泛应用。

6.4.1　凝胶色谱法的原理

如图 6-15 所示为凝胶色谱的分离原理示意图，柱内装有凝胶颗粒，凝胶颗粒内部具有多孔网状结构，当被分离的混合物流过色谱柱时，各组分分子存在两种运动，即垂直向下的移动和无定向的扩散运动。

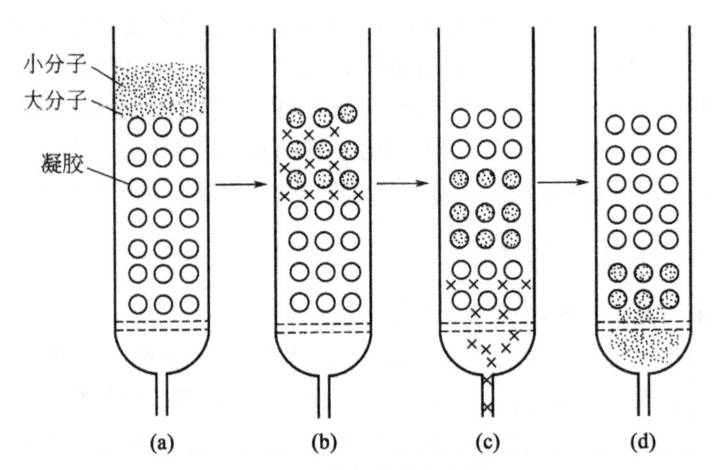

图 6-15　凝胶色谱的分离原理

(a)分子大小不同的组分上样;(b)小分子进入凝胶孔内,大分子在凝胶颗粒间移动;(c)大分子洗脱出来;(d)小分子洗脱出来

由于混合物中含有大小不同的分子,在随流动相移动时,比凝胶孔径大的分子不能进入凝胶孔内,而是随流动相在凝胶颗粒之间的孔隙向下移动(图 6-16),并最先被洗脱出来,如图 6-15(c)所示;比凝胶孔小的分子以不同的扩散程度进入凝胶颗粒的微孔内,使其向下移动的速率较慢,在色谱柱中逐渐与大分子物质拉开距离,如图 6-15(d)所示,最终达到分离目的。

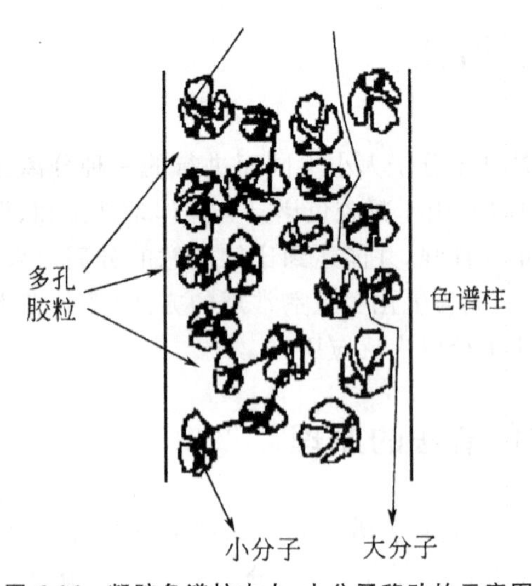

图 6-16　凝胶色谱柱中大、小分子移动的示意图

6.4.2　凝胶色谱介质

理想凝胶色谱介质应满足一定的条件，具体如图 6-17 所示。

理想凝胶色谱介质的条件

- (1)介质本身为惰性物质，不与溶质、溶剂分子发生任何作用。
- (2)应尽量减少介质内含的带电离子基团，以减少非特异性吸附，提高目标产物的收率。
- (3)介质内孔径大小要分布均匀，即孔径分布较窄。
- (4)凝胶珠粒大小均匀。
- (5)介质要有良好的物理化学稳定性及较高的机械强度，易于消毒。

图 6-17　理想凝胶色谱介质的条件

目前，常用的有葡聚糖凝胶、琼脂糖凝胶、聚丙烯酰胺凝胶等，其重要性质及种类见表 6-6～表 6-9。

表 6-6　葡聚糖凝胶(G 类)的性质

凝胶规格		吸水量	膨胀体积	分离范围		浸泡时间/h	
基号	干粒直径/μm	mL/(g 干凝胶)	mL/(g 干凝胶)	肽或球状蛋白质	多糖	20℃	100℃
G-10	40～120	1.0±0.1	2～3	～700	～700	0	1
G-15	40～120	1.5±0.2	2.5～3.5	～1 500	～1 500	3	1
G-25	粗粒 100～300	2.5±0.2	4～6	1 000～5 000	100～5 000	3	1
	中粒 50～150	—	—	—	—	—	—
	细粒 20～80	—	—	—	—	—	—
	极细 10～40	—	—	—	—	—	—
G-50	粗粒 100～300	5.0±0.3	9～11	1 500～30 000	500～10 000	3	1
	中粒 50～150	—	—	—	—	—	—
	细粒 20～80	—	—	—	—	—	—
	极细 10～40	—	—	—	—	—	—

续表

凝胶规格		吸水量	膨胀体积	分离范围		浸泡时间/h	
基号	干粒直径/μm	mL/(g干凝胶)	mL/(g干凝胶)	肽或球状蛋白质	多糖	20℃	100℃
G-75	40～120	7.5±0.5	12～15	3 000～70 000	1 000～5 000	24	3
	极细 10～40	—	—	—	—	—	—
G-100	40～120	10±1.0	15～20	4 000～150 000	1 000～100 000	72	5
	极细 10～40	—	—	—	—	—	—
G-150	40～120	15±1.5	20～30	5 000～400 000	1 000～150 000	72	5
	极细 10～40	—	18～20	—	—	—	—
G-200	40～120	20±2.0	30～10	5 000～800 000	1 000～200 000	72	5
	极细 10～40	—	20～25	—	—	—	—

表 6-7　琼脂糖凝胶的性质

型号	分离范围/Da	粒径/μm	pH稳定范围	耐压/MPa	建议流速/(cm/h)	备注
Sepharose 2B	70 000～40×10^6	60～200	4～9	0.004	10	传统分离介质,适用于蛋白质、大分子复合物、多糖
Sepharose 4B	60 000～20×10^6	45～165	4～9	0.008	11.5	
Sepharose 6B	10 000～4×10^6	45～165	4～9	0.02	14	
Sepharose CL-2B	70 000～40×10^6	25～75	3～13	0.005	15	适合含有机溶剂的分离,适合蛋白质、多糖
Sepharose CL-4B	60 000～20×10^6	25～75	3～13	0.012	26	
Sepharose CL-6B	10 000～4×10^6	25～75	3～13	0.02	30	
Superose 6(制备级)	5 000～5×10^6	20～40	3～12	0.4	30	适用于蛋白质、多糖、核酸、病毒 Bio Process 介质,适用于巨大分子分离
Superose 12(制备级)	1 000～300 000	20～40	3～12	0.7	30	
Sepharose FF 6	10 000～4×10^6	平均 90	2～12	0.1	300	
Sepharose FF 4	60 000～20×10^6	平均 90	2～11	0.1	250	

表 6-8 聚丙烯酰胺凝胶的性质

生物胶	吸水量/[mL/(g 干凝胶)]	膨胀体积/[mL/(g 干凝胶)]	分离范围相对分子质量	溶胀时间/h	
				20℃	100℃
P-2	1.5	3.0	100～1 800	4	2
P-4	2.4	4.8	800～4 000	4	2
P-6	3.7	7.4	1 000～6 000	4	2
P-10	4.5	9.0	1 500～20 000	4	2
P-30	5.7	11.4	2 500～40 000	12	3
P-60	7.2	14.4	10 000～60 000	12	3
P-100	7.5	15.0	5 000～100 000	24	5
P-150	9.2	18.4	15 000～150 000	24	5
P-200	14.7	29.4	30 000～200 000	48	5
P-300	18.0	36.0	60 000～400 000	48	5

表 6-9 各类凝胶对比表

类别	色谱介质	分离范围
葡聚糖凝胶	水	$<700\sim8\times10^5$（蛋白质） $<700\sim8\times10^5$（多糖）
聚丙烯酰胺凝胶	水	$200\sim40\times10^4$
琼脂糖凝胶	水	$1\times10^4\sim1.5\times10^8$
疏水性凝胶	有机溶剂	$1\ 600\sim4\times10^7$

1. 葡聚糖凝胶

葡聚糖凝胶商品名为 Sephadex，是由一定平均分子质量的葡聚糖（α-1,6 糖苷键约占 95%，其余为分支的 α-1,3-糖苷键）和交联剂（环氧氯丙烷）以醚键的形式相互交联形成的、三维空间网状结构的大分子物质。外观为白色球状颗粒，在显微镜下放大 700 倍以上，可见其表面的网状皱纹。其分子内含大量羟基，亲水性极好，因此在水溶液或电解质溶液中能吸水膨胀成胶粒。

在制备凝胶时添加不同比例的交联剂，可得到交联度不同的凝胶。交联剂在原料总重量中所占的百分比叫作交联度。交联度越大，网状结构越紧密，吸水量越少，吸水后体积膨胀也越少；反之，交联度越小，网状结构越疏松，吸水量越多，吸水后体积膨胀也越大。

葡聚糖凝胶的商品型号即按交联度大小分类，并以吸水量多少表示，型号即为吸水量×10。以 Sephadex G-25 为例，英文字母 G 代表凝胶(Gel)，后连数字——吸水量×10，如 G-25 表示该葡聚糖凝胶吸水量为 2.5 mL/g。

葡聚糖凝胶的交联度不同，其在水中的膨胀度(床体积)、吸水量、筛孔大小和分级范围也不同。因此。在选用葡聚糖凝胶商品时，首先要看交联度的大小。交联度大，网孔小，可用于小分子质量物质的分离；反之，交联度小，网孔大，可用于大分子质量物质的分离。

葡聚糖凝胶是否稳定，与其分离效果具有密切的联系。通常来说，葡聚糖凝胶虽然具有亲水性，但不溶于水及盐溶液，在碱性或弱酸性溶液中也比较稳定，而在强酸性介质中特别是高温下糖苷键易水解；长时间受氧化剂作用，将会破坏凝胶骨架，产生游离的羧基基团。如干凝胶加热到120℃会转变为焦糖，但在湿态及中性条件下，把 Sephadex G-25 加热到110℃也不会改变其特性。因此，应避免在上述条件下使用葡聚糖凝胶。

2. 琼脂糖凝胶

琼脂糖的商品名称有 Sepharose(瑞典)、Bio-gelA(美国)、Segavac(英国)和 Gelarose(丹麦)等多种，因生产厂家不同名称各异。琼脂糖凝胶是从琼脂中除去带电荷的琼脂胶后，剩下的不含磺酸基团、羧酸基团等带电荷基团的中性部分。因此，传统的琼脂糖凝胶非特异性吸附极低，分离范围很广(10 000～40 000 000)，适用于分子质量差距较大的分子间分离，但分辨率不是很高。琼胶糖是由 β-D-吡喃半乳糖(1-4)连接 3，6-脱水 α-L-吡喃半乳糖构成的多糖链，其骨架上各线形分子间没有共价键的交联，仅靠糖链之间的次级链如氢键来维持网状结构。与葡聚糖不同，凝胶的网孔大小和凝胶的机械强度均取决于琼脂糖浓度。因此，琼脂糖凝胶可作为分子筛，常用于凝胶层析和电泳。

通常情况下，琼脂糖凝胶的结构是稳定的，可以在许多条件下使用。但其不耐高温、高压，常在 40℃以上开始融化，因此，使用温度以 0～40℃为宜，且只能用化学灭菌法消毒。凝胶颗粒的强度也较低，如遇脱水、干燥、冷冻、有机溶剂处理或加热至 40℃以上即失去原有性能，因此，使用时应注意避免，以防影响凝胶的分离效果。

3. 聚丙烯酰胺凝胶

聚丙烯酰胺凝胶的商品名称为 Bio-Gel P，它是一种人工合成的凝胶，是由丙烯酰胺与 N，N′-亚甲基双丙烯酰胺共聚而成的一类亲水性凝胶。

与前两种凝胶相比，聚丙烯酰胺凝胶非常亲水，基本不带电荷，所以无非特异性吸附效应现象，有较高的分辨率。此外，聚丙烯酰胺凝胶化学稳定性较好，在水溶液、一般的有机溶液、盐溶液及 pH 2～11 之间都比较稳定。但在较强的碱性条件下或较高的温度下，聚丙烯酰胺凝胶易发生分解。此外，聚丙烯酰胺凝胶不会像葡聚糖凝胶和琼脂糖凝胶那样易受微生物侵蚀，使用和保存都很方便。

6.4.3 凝胶色谱法的操作

1. 凝胶的选择

凝胶的种类、型号很多，不同类型的凝胶在性质以及分离范围上都有较大的差别。因此，在进行凝胶色谱法时，应首先根据样品的性质以及分离的要求选择合适型号的凝胶。

凝胶大体上可分为两种分离类型：分组分离和分级分离，如图 6-18 所示。

凝胶的分离类型
- 分组分离。分组分离是指将样品混合物按相对分子质量大小分成两组。一组相对分子质量较大，另一组分子质量较小
- 分级分离。分级分离是对一种彼此相当类似的物质组成的比较复杂的混合物的分离。这种混合物以不同密度扩散到凝胶中。并按照它们的分配常数的不同而从凝胶中被洗脱出来

图 6-18 凝胶的分离类型

对于分组分离来说，凝胶类型的选择应遵循以下规律：高分子物质组中，只要分子质量最低的物质能以凝胶的滞留体积洗脱，并很好地从真正的低分子物质中被分离出来即可。

2. 色谱柱的选择

色谱柱是凝胶层析技术中的主体，因此，对色谱柱选择的合理与否，将直接影响分离效果。色谱柱的分离度取决于柱高，与柱高的平方根相关，

通常来说，理想的凝胶色谱柱的直径与柱长之比为1∶25～1∶100。此外，色谱柱滤板下的死体积应尽可能地小，若滤板下的死体积大，被分离组分之间重新混合的可能性就大，其结果是影响洗脱峰形，出现拖尾现象，降低分辨力。在精确分离时，死体积不能超过总床体积的1/1 000。

3. 凝胶柱的装填

装柱的具体操作与吸附柱色谱法相同，此处不再多述。

4. 上样

样品溶液如有沉淀应过滤或离心除去，然后加水（或其他溶剂）配成浓度适当的样品溶液，加样方法与一般柱色谱相同。

上柱样品液的体积根据凝胶床体积的分离要求确定。分级分离样品体积要小，一般为凝胶床的1%～4%，这样可使样品层尽可能窄，洗脱出的峰形较好；进行分组分离时样品液为凝胶床的10%，而进行蛋白质溶液除盐时，样品则可达凝胶床的20%～30%。

5. 洗脱与收集

洗脱过程中，应注意以下几个因素：

(1)为了防止柱床体积的变化，造成流速降低及重复性下降。装柱前应充分考虑凝胶颗粒的选择。通常来说，柱流速大小受凝胶粒度及交联度影响。粒度细可稍快，交联度大可稍快。此外，整个洗脱过程中还应始终保持一定的操作压力，并不超限，方可保证稳定的流速。

(2)为了防止因凝胶颗粒的胀缩，导致柱床体积变化或流速改变，洗脱液成分也不应改变。一般都以单一缓冲液（如磷酸缓冲液）或盐溶液作为洗脱液，以防非特异性吸附，或避免一些蛋白质在纯水中难以溶解。个别情况下，对一些吸附较强的物质也可采用水和有机溶剂的混合物进行洗脱。

加样后，经洗脱、收集的每管洗脱液，可选用适当的方法进行定性、定量测定。

6. 再生与保存

由于凝胶过滤时，凝胶本身无变化，所以不必再生处理，可重复使用。多次使用后，凝胶颗粒可能逐渐沉积压紧，流速变慢。这时只需将凝胶自柱内倒出，重新填装。或使用反冲法，使凝胶松散冲起，然后自然沉降，形成新的柱床，这样流速会有所改善。若因使用次数过多混入杂质而影响滤速，也可以通过反冲色谱柱来除去杂质。

凝胶可多次重复使用，要妥善保存。保存的方法有干法、湿法和半缩法，如图 6-19 所示。

保存的方法
- 干法。一般是用浓度逐渐升高的乙醇(如20%、40%、60%、80%、95%等)分步处理洗净的凝胶，使其脱水收缩，再抽滤除去乙醇，用60～80℃暖风吹干。这样得到的凝胶颗粒可以在室温下长时间保存，但处理不好时凝胶孔径可能略有改变
- 湿法。用过的凝胶洗净后悬浮于蒸馏水或缓冲液中，加入一定量的防腐剂再置于普通冰箱中做短期保存(6个月以内)。常用的防腐剂有0.02%的叠氮化钠、0.02%的三氯叔丁醇、氯己定、硫柳汞、乙酸苯汞等
- 半缩法。半缩法是以上两法的过渡法。即用60%～70%的乙醇使凝胶部分脱水收缩，然后封口，置4℃冰箱中保存

图 6-19　凝胶的保存方法

6.5　亲和色谱法

亲和色谱是利用生物大分子和其配体之间的特异性生物亲和力，对样品进行分离与纯化的一种技术。

6.5.1　亲和色谱法的原理

亲和色谱法必须要有适当的配基以备共价结合在一定的载体上。通常将一对可逆结合的生物分子中能与载体相偶联上的一方称为配基。酶的底物、底物类似物及酶的竞争性抑制剂与酶有较高的亲和力，可作为配基固定在不溶性载体，可选择地将酶吸附而同杂质分离。

亲和吸附依靠于溶质和载体之间特殊的化学作用，这不同于依靠范德华力的传统吸附及离子交换静电吸附。亲和吸附具有更高的选择性，吸附剂由载体与配位体两部分组成。载体与配位体之间以共价键或离子键相连，但载体不与溶质反应。亲和色谱法的原理如图 6-20 所示，大致可分为三步，如图 6-21 所示。

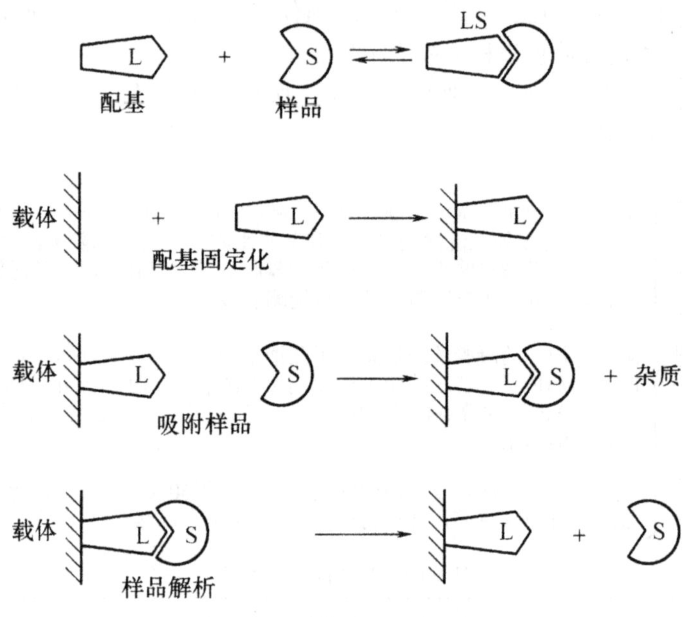

图 6-20　亲和色谱法的原理

亲和色谱法

- 配基固定化。选择合适的配基与不溶性的支撑载体偶联，或共价结合成具有特异亲和性的分离介质
- 吸附样品。亲和吸附介质选择性吸附酶或其他生物活性物质，杂质与色谱介质间没有亲和作用，故不能被吸附而被洗涤去除
- 样品解析。选择适宜的条件，使被吸附的亲和介质上的酶或其他生物活性物质解吸

图 6-21　亲和色谱法的步骤

6.6.2　亲和色谱剂的制备

1. 载体的选择

对成功的亲和色谱来说，一个重要的因素就是选择合适的、用于制备不溶性亲和剂的固相载体。理想载体应当具备以下性质：

(1)载体必须尽可能少地同被分离物质相互作用，以避免非特异性吸附。因此，优先选用的是中性聚合物，例如，琼脂糖或聚丙烯酰胺凝胶。

(2)载体必须具有良好的流过性，即使是将亲和剂键合在它的表面，也必须仍然保持这种特性。也就是说，载体必须对水具有亲和性而又不溶于水。

(3)载体必须具有较好的机械性能和化学稳定性，在改变pH、离子强度、温度以及变性试剂存在等条件下也应当是稳定的，并能抗微生物的侵蚀和酶的降解。

(4)连接亲和剂的先决条件是要有足够数量的化学基团存在，这些基团应在不影响载体的结构、也不影响连接的亲和剂的条件下，可以被活化或衍生化。

(5)载体必须有充分大的、多孔性疏松网状结构，允许大分子自由出入。这是大分子物质分离的重要条件。此外，固体载体的高度多孔性，对于与它键合的，只有弱亲和力(离解常数$\geqslant 10^{-5}$)的物质之分离也是不可少的。因此，在载体上键合的亲和剂的浓度一定要很高，而且能够自由地接近被分离的物质，这样才能使相互作用具有足够强度，以使它不随洗脱液通过柱体而流出。

(6)载体必须具有较高的硬度和合适的颗粒度，同时，载体颗粒还应当是均匀的、球形的和刚性的。

2. 配基的选择

可以作为配基的物质很多，可以是较小的有机分子，也可以是天然的生物活性物质。

亲和色谱的关键在于配基的选择上。只有找到了合适的配基，才可进行亲和色谱。一个理想的配基应具有以下性质：

(1)应当仅仅识别被纯化的目的物(配体)，而不与其他杂质发生交叉结合反应，可根据配体的生物学特性去寻找。在亲和色谱分离法中，经常被采用的生物亲和关系有酶与底物、底物类似物、抑制剂、辅酶及金属离子；抗体与抗原、病毒及细胞；激素或维生素与受体蛋白及载体蛋白；核酸与互补碱基链段、组蛋白、核酸聚合酶等。

(2)配体与配基应该有足够大的亲和力。

(3)配基与相应目的物之间的结合应具有可逆性。这样，既可以在色谱的初始阶段抵抗吸附缓冲液的流洗而不致脱落，又可在随后的洗脱中不会因为结合得过于牢固而无法解吸，以致必须使用可能导致变性的强洗脱条件。

(4)某些配基键合反应的条件可能比较强烈，因此要求配体具有足够的稳定性，能够耐受反应条件以及清洗和再生等条件。

(5)配基的分子大小必须合适。

配体与目的分子之间的结合具有空间位阻效应，若配体分子不够大，结合到介质骨架之后，目的分子的结合点由于空间构象的原因，无法或不能有效地与配体完全契合，会导致色谱时吸附效率不佳。如表 6-10 所示列举了亲和色谱中常见的配基及洗脱液。

表 6-10　亲和色谱中常见的配基及洗脱液

亲和对象	配基	洗脱液
乙酰胆碱酯酶	对氨基苯-三甲基氯化铵	1 mol/L NaCl
醛缩酶	醛缩酶亚基	6 mol/L 尿素
羧肽酶 A	L-Tyr-D-Trp	0.1 mol/L 乙酸
核酸变位酶	L-Trp	0.001 mol/L *L*-Trp
α-胰凝乳蛋白酶	D-色氢酸甲酯	0.11 mol/L 乙酸
胶原酶	胶原	1 mol/L NaCl、0.05 mol/L Tris-HCl
脱氧核糖核酸酶抑制剂	核糖核酸	0.7 mol/L 盐酸胍
二氢叶酸还原酶	2,4-二氢-10-甲基蝶酰-L-谷氨酸	5-甲酰四氢叶酸
3-磷酸甘油脱氢酶	3-磷酸甘油	0.5 mol/L 3-磷酸甘油
脂蛋白脂酶	肝素	0.16～1.5 mol/L NaCl 梯度洗脱
木瓜蛋白酶	对氨基苯-乙酸汞	0.000 5 mol/L $MgCl_2$
胃蛋白酶，胃蛋白酶原	聚赖氨酸	0.15～1.0 mol/L NaCl 梯度洗脱
蛋白酶	血红蛋白	0.1 mol/L 乙酸
血纤维蛋白溶酶原	L-Lys	0.2 mol/L 氨基己酸
核糖核酸酶-*S*-肽	核糖核酸酶-*S*-蛋白	50%乙酸
凝血酶	对氯苯胺	1 mol/L 苯胺-HCl
转氨酶	吡哆胺-5′-磷酸	0.25 mol/L 底物、1 mol/L 磷酸盐，pH 为 4.5
酪氨酸羟化酶	3-吲哚酪氨酸	0.001 mol/L KOH
β-半乳糖苷酶	β-半乳糖苷酶	0.1 mol/L NaCl、0.05 mol/L，Tris-HCl、0.01 mol/L $MgCl_2$，pH 为 7.4
DNP 蛋白质	DNP 卵清蛋白	0.1 mol/L 乙酸
绒毛膜促性腺激素	绒毛膜促性腺激素	6 mol/L 盐酸胍

续表

亲和对象	配基	洗脱液
免疫球蛋白 IgE	IgE	0.15 mol/L NaCl、0.1 mol/L Gly-HCl,pH 为 3.5
IgG	IgG	5 mol/L 盐酸胍
IgM	IgM	5 mol/L 盐酸胍
胰岛素	胰岛素	0.1 mol/L 乙酸,pH 为 2.5

3. 载体的活化与偶联

载体由于其相对的惰性,往往不能直接与配基连接,偶联前一般需先活化,不同的载体活化需要不同的活化剂。

常用的活化剂有溴化氰(CNBr)、环氧氯丙烷、1,4-丁二醚、戊二醛、高碘酸盐、苯醌等。

如溴化氰活化法制备亲和色谱柱:

$$\text{gel}\langle^{OH}_{OH} + CNBr \xrightarrow{\text{活化}} \text{gel}\langle^{O}_{O}\rangle C{=}NH + RNH_2 \xrightarrow{\text{偶联}} \text{gel}\langle^{OH}_{O-C(=NH)-NHR}$$

6.6.3　亲和色谱法的操作

1. 样品的制备

通常来说,杂质的非特异性吸附量与其浓度、性质、载体材料、配基固定化方法以及流动相的离子强度、pH 和温度等因素有关。亲和色谱样品预处理的主要程序如下:

(1)颗粒、细胞碎片、膜片段等的去除。

(2)样品的浓缩及除去蛋白酶或抑制剂。

2. 配基与目的物结合条件的选择

配基与目的物的特异性结合需要最适的 pH、缓冲液盐浓度和离子强度。pH 不仅能调节配基的电荷基团,也能调节目的物的电荷基团。中等盐浓度的缓冲液能稳定溶液中蛋白质并防止由于离子交换所引起的非特异性相互作用。

3. 柱操作

柱的大小取决于吸附剂的容量和所需纯化的蛋白质的量。通常来说，高的容量可以用于粗的短柱。在大多数情况下，可以采用一次性的塑料小柱和1.5 mL凝胶。

4. 流速的控制

提高流速可提高分离速率，但柱效降低。因此，吸附操作要在适当的流速下进行，既要保证高速率，又要保证高效率。为了使纯化蛋白能够得到好的洗脱峰、最小的稀释度和最大的回收率，最好使用低流速。

5. 清洗

清洗过度会使目标产物的损失增多，而清洗不充分则使洗脱回收的目标产物纯度降低。具体操作是样品吸附在柱上之后，必须用几倍体积的起始缓冲液对柱清洗以除去不结合的所有物质。

6. 洗脱

特异性洗脱是将与亲和配基或目标产物具有亲和作用的小分子化合物溶液作为洗脱剂，通过与亲和配基或目标产物的竞争性结合，洗脱目标产物。非特异性洗脱是通过调节洗脱液的pH、离子强度、离子种类或温度等理化性质降低目标产物的亲和吸附作用，是较多采用的洗脱方法。

7. 柱的再生

具体操作是用几倍体积的起始缓冲液进行再平衡，一般足以使亲和柱再生，但一些未知的杂质往往仍结合在柱上，必须用苛刻的条件才能除去。根据载体材料的不同、配基的性质以及与载体连接方式的不同酌情处理。

6.6 高效液相色谱法

以液体为流动相而设计的色谱分析法常称为液相色谱法(LC)，而高效液相色谱(High Performance Liquid Chromatography，HPLC)则是指选用颗粒极细的高效耐压新型固定相，借助高压泵来输送流动相，并配有实时在线检测器，实现色谱分离过程全部自动化的液相色谱法。高效液相色谱是20世纪70年代前后发展起来的新颖快速的分离分析技术，是在原有的液相柱层析基础上引入气相层析的理论并加以改进发展起来的一种高压输液、高分离(分析)速度、高检测灵敏度、高分离效率的现代液相色谱法。

6.6.1　高效液相色谱法的特点

高效液相色谱法是在综合了普通液相色谱和气相色谱的优点基础上发展起来的，既具有前者的功能(可在常温下分离制备水溶性物质)，又兼有后者的特点(高温、高速、高分辨率及高灵敏度)，其特点主要体现在以下几个方面。

1. 高压

液相色谱法以液体为流动相，液体流经色谱柱，受到阻力较大，为了迅速地通过色谱柱，必须对载液施加高压，一般是10～30 MPa，有时甚至可达到50 MPa以上。

2. 高速

载液在色谱柱内的流速较之经典液相色谱法高得多，可达1～10 mL/min，个别可达100 mL/min以上，分离速度快，一般可在1 h内完成多组分的分离。

3. 高效

近年来研究出许多新型固定相，使分离效率大大提高。每米柱子柱效可达5 000塔板以上，有时一根柱子可以分离100个以上组分。

4. 高灵敏度

采用了基于光学原理的检测器，如紫外检测器灵敏度可达$5\sim10^{-10}$ mg/L的数量级。高压液相色谱的灵敏度还表现在所需试样很少，微升数量级的样品足以进行全分析。

5. 适应范围宽

通常在室温下工作，对于高沸点、热不稳定或加热后容易裂解、变质的物质，相对分子质量大(大于400以上)的有机物，原则上都可应用高效液相色谱法来进行分离、分析。

与气相色谱法不同，高效液相色谱法更适合于热稳定性差、不易挥发的许多物质的分离和分析，因而应用更为广泛。

6.6.2 高效液相色谱法的分类及原理

高效液相色谱法按其溶质在两相分离过程的物理化学原理可分为液-固吸附色谱、液-液分配色谱、离子交换色谱、体积排阻色谱、亲和色谱等。

用不同类型的高效液相色谱分离或分析各种化合物的原理基本与相对应的普通液相色谱的相似。其不同之处在于：

（1）高效液相色谱灵敏、快速、分辨率高，需要在色谱仪中进行。

（2）为了保证样品液、流动相溶液能快速通过色谱柱，需要在上柱前进行超滤处理。

6.6.3 高效液相色谱仪的组成

高效液相色谱仪的种类很多，但是无论何种高效液相色谱仪，基本上由进样系统、输液系统、分离系统、检测系统、数据处理系统等五大部分组成。此外，还可根据一些特殊的要求，配备一些附属装置。液相色谱法的附属装置包括脱气、梯度洗脱、再循环、恒温自动进样、馏分收集以及数据处理等装置，这些装置一般均属选用部件。图 6-22 所示为高效液相色谱仪的基本结构。

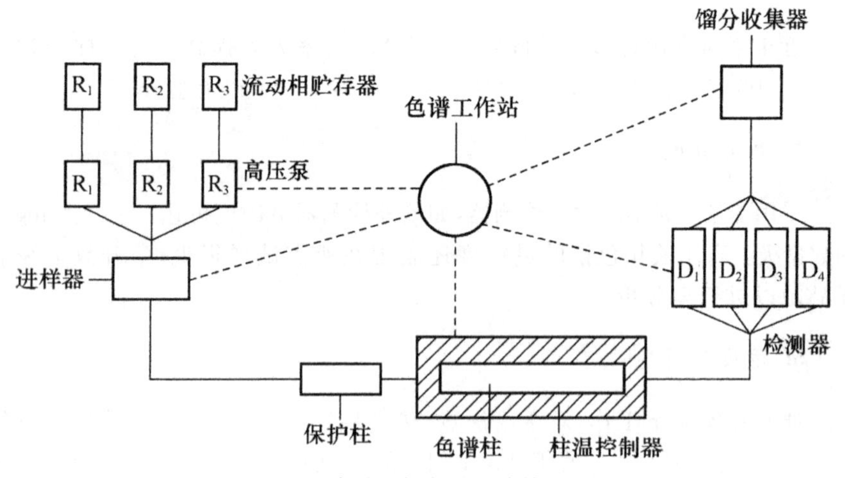

图 6-22 高效液相色谱仪的基本结构

1. 进样系统

进样系统包括取样、进样两个功能，是将分析样品引入色谱柱的装置。进样器通常有隔膜进样器和高压进样阀两种。进样可采用微量进样器进样、阀进样、自动进样器三种方法进样。自动进样器在程序控制器或微机控制下，可自动进行取样、进样、清洗等一系列动作，操作者只需将样品按顺序装入储样机构。比较典型的自动进样装置有圆盘式、链式和笔标式自动进样器。自动进样器一批可自动进样几十个或上百个，可连续调节，重复性较高，适于大量样品分析，准确、易于自动化。其缺点是有一定的死体积，容易使色谱峰展宽且价格较高。

2. 输液系统

输液系统包括高压泵、流动相储存器和梯度仪三个部分。高压输液泵是高效液相色谱仪的重要部件，是驱动溶剂和样品通过色谱柱和检测系统的高压源，要求泵体材料能耐水、有机溶剂等的化学腐蚀，而且在高压(30～60 MPa)下能连续工作6～24 h；要求泵的输出流量范围宽，输出流量稳定，重复性高，并且应提供无脉冲流量。流动相储存器和梯度仪，可使流动相随固定相和样品的性质改变而改变，如改变洗脱液的极性、离子强度等，从而使各种物质都能获得有效分离。

3. 分离系统

分离系统是高效液相色谱最重要的部分，其核心是色谱柱，有的还配有柱温箱。色谱柱常用内壁抛光的不锈钢管，主要由柱管、固定相填料和密封垫组成。常用的色谱柱有C_{18}反相硅胶柱、离子交换柱、凝胶柱等。分离分析样品时，应根据分离分析目的、样品的性质和量的多少及现有的设备条件等选择合适的色谱柱。评价液相色谱柱的主要指标有塔板数、峰不对称因子、柱压降及键合相(有机分子浓度键合到担体表面)浓度。对色谱柱的要求是柱效高，选择性好，分析速率快等，市售的用于高效液相色谱各种微粒填料如硅胶为载体的键合相、氧化铝、有机胶球(包括离子交换树脂)等，其粒度一般为3 μm、5 μm、7 μm、10 μm范围，其柱效理论值可达到理论塔板数每米5万～16万。对于同系物分析，只需500塔板即可；对于较难分离物质可采用高达2万塔板的柱子，因此一般用100～300 mm左右的柱长就能满足复杂混合物分析的需要。

4. 检测系统

检测器是高效液相色谱的三大关键部件之一，主要用于检测经色谱柱分离后样品各组分浓度的变化，并通过记录仪绘出谱图来进行定性和定量分析。检测器性能好坏直接关系到定性和定量分析结果的可靠性。目前，高效液相色谱仪常用的检测器为紫外检测器、荧光检测器、差示折光检测器等。

(1)紫外检测器。紫外检测器是高效液相色谱中应用最广泛的检测器。它灵敏度较高、噪声低、线性范围宽。对流速和温度的波动不灵敏，适用于制备色谱。但它只能检测有紫外吸收的物质，而且流动相也有一定的限制，即流动相的截止波长应小于检测波长。

(2)荧光检测器。荧光检测器是高效液相色谱中最灵敏的检测器之一，因此非常适合于微量分析。此外，荧光检测器的线性范围达 10^4，对温度和压力等变化不敏感。所以这些优点使得荧光检测器成为一种极其有用的检测器。其局限性在于其只适合于能产生荧光的物质的检测，但天然化合物中能产生强烈荧光的不多。为了扩大其使用范围，人们通过荧光衍生化使本来没有荧光的化合物转变成荧光衍生物，从而扩大了荧光检测器的应用范围。

(3)差示折光检测器。差示折光检测器是通过测定流动相折射率的改变来检测其中所含有的溶质。众所周知，任何溶质溶于一种溶剂后，只要该溶质与溶剂的折光率不一样，就能使溶剂的折光率发生变化。这种折光率的改变与溶剂中该溶质的浓度成正比。因此通过测定洗脱液折射率的改变，就可以对洗脱液中的溶质进行测定。这种检测器几乎可使用于任何一种溶质，故称为万用检测器。但由于其灵敏度低(检测下限为 10^{-7} g/mL)，流动相的变化会使折光率产生很大的变化，因此，其既不适用于样品的微量分析，也不适用于需梯度洗脱样品的检测。

5. 数据处理系统

通常来说，记录信号随时间的变化可获得色谱流出曲线或色谱图。现在已广泛使用微处理机和色谱数据工作站采集和处理色谱分析数据。色谱微处理机的广泛使用大大提高了高效液相色谱的分离速度和分析结果的准确性。

6.6.4　高效液相色谱法的操作

1. 进样前的准备工作

首先使用的溶剂(流动相)要求具有较高的纯度。有机溶剂要使用色谱纯,使用前要用 0.22 μm 或 0.45 μm 的膜过滤;用水要经过混合离子交换树脂处理和活性炭处理后,重蒸除去各种杂质并经 0.22 μm 或 0.45 μm 的膜过滤后再使用。各种溶剂一般要求新鲜配制,使用前经过脱气处理。

样品加入前,必须用流动相充分洗柱,待流出液经过检测器的基线校正,证明柱内残留杂质确已全部除尽,才能进样。

2. 样品处理

在某些生物样品中,常含有多量的蛋白质、脂肪及糖类等物质。它们的存在,将影响待测组分的分离测定,同时容易堵塞和污染色谱柱,使柱效降低,所以常需对试样进行预处理。样品的预处理方法很多,如溶剂萃取、吸附、超速离心及超滤等。

3. 洗脱

按事先计划好的溶剂程序进行。若样品中各组分与固定相之间的亲和力差别较大时,则采用梯度洗脱方法,可获得较好的分离效果。流动相的流速,选择恒速或变速或每分段时间内要求流动相的流速。实际上,样品展开后所得的色谱图一次很难获得良好的分离效果,需要根据色谱图各组峰形状、位置进行综合分析,并按自己所需分析或制备的谱峰分离情况,调整流动相的极性梯度组合、流速及展层时间等。

4. 色谱柱的清洗及保存

在正常情况下,色谱柱至少可以使用 3～6 个月,能完成数百次以上的分离。但是,如果操作不当,将使色谱柱很容易损坏而不能使用。因此,为了保持柱效、柱容量及渗透性,必须对色谱柱进行仔细地保养。注意事项如下:

(1)色谱柱极容易被微小的颗粒杂质堵塞,使操作压力迅速升高而无法使用。因此,必须将流动相仔细地蒸馏或用 0.45 μm 孔径的过滤器过滤,以防止固体进入色谱柱中。在水溶液流动相中,细菌容易生长,可能堵塞筛板,加入 0.01%的叠氮化钠能防止细菌生长。

(2)色谱柱分离完毕后,应用溶剂彻底清洗色谱柱,或色谱柱存放过久也应定期清洗。硅胶柱先用甲醇和乙腈冲洗,再用干燥的二氯甲烷清洗后保存。烷基键合相色谱柱可用甲醇-氯仿-甲醇-水顺序交叉冲洗除去脂溶性和水溶性杂质。ODS C_{18}色谱柱用后先用水冲洗,然后用甲醇或乙腈冲洗至无杂质。离子交换柱可按一般经典方法经过酸碱缓冲液平衡后,再以水和甲醇洗净。凝胶柱则根据其流动相的不同分别以甲苯、四氢呋喃、氯仿或水大量冲洗至净。但亲水性凝胶及其他亲水性色谱柱保存时,常加入少量甲苯或氯仿以防止微生物污染。

(3)要防止色谱柱被振动或撞击;否则,柱内填料床层产生裂缝和空隙,会使色谱峰出现“驼峰”或“对峰”。

(4)要防止流动相逆向流动;否则,将使固定相层位移,柱效下降。

(5)使用保护柱。连续注射含有未被洗脱样品时,会使柱效下降,保留值改变。为了延长柱寿命,在进样阀和分析柱之间加上保护柱,其长度一般为了 3～5 cm,填充与分析柱相似的表面多孔型固定相,可以有效防止分析柱效下降。

第 7 章　过滤与膜分离技术

7.1　过滤技术

过滤是实现产品固-液分离最常用的一种手段之一，是一种以某种多孔物质作为介质来处理悬浮液的单元操作。过滤操作首先出现在 19 世纪的欧洲，随着过滤技术在工业中的广泛使用和人们对过滤机理的研究，过滤正逐步向大型化、智能化和多功能化发展。

7.1.1　过滤原理

在过滤操作中，待过滤的悬浮液在自身重力或外力的作用下，其中的液体通过介质的孔道流出而固体颗粒被过滤介质截留下来，从而实现固-液分离。

在过滤操作中，所处理的悬浮液称为滤浆，所用的多孔物质称为过滤介质，通过介质孔道而流出的液体称为滤液，被过滤介质截留下来的物质称为滤饼或滤渣。

如图 7-1 所示为过滤操作示意图。

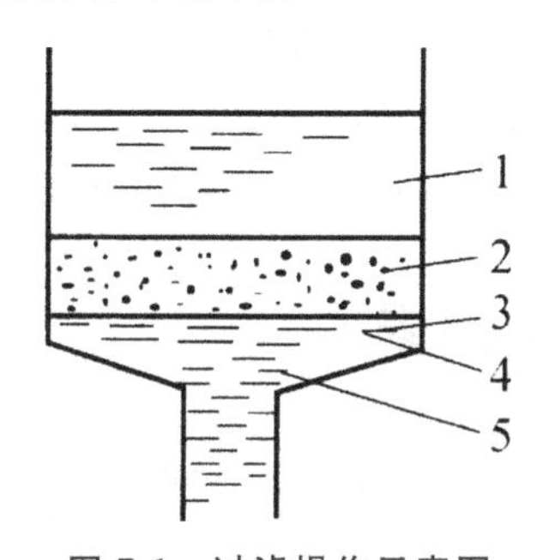

图 7-1　过滤操作示意图

1—滤浆；2—滤饼；3—滤布；4—支撑物；5—滤液

液体中的固体颗粒主要通过四种过滤机理被除去。它们分别是直接拦截、惯性撞击、扩散拦截和重力沉降。

1. 直接拦截

直接拦截是指物料通过滤层时，大于或等于滤层孔径的颗粒受到滤孔的拦截不能穿过滤层而被截留的现象。直接拦截的本质是一种筛分效应，属于机械拦截。

2. 惯性撞击

惯性撞击是指液体流入滤层中弯弯曲曲的孔道时，流体所携带的、尺寸小于滤层孔径的颗粒，由于自身的理化性质和惯性，使颗粒撞击并吸附在滤层孔道的表面的现象。

3. 扩散拦截

扩散拦截是指流体通过滤层的弯曲通道时，由于流速小，流体呈层流流动，流体中的微小颗粒，在做布朗运动碰撞滤层孔道表面而被吸附、截留的现象。

4. 重力沉降

悬浮液中的固体微粒虽小，但仍具有质量。当流体在滤层孔道中流动速度很低，固体微粒所受的重力大于流体对它的拖滞力时，固体微粒就会发生重力沉降，从而悬浮液中的颗粒就会沉降到滤层孔道表面而被吸附、截留。

在过滤操作中，每种原理所起作用的程度与固体颗粒尺寸大小及滤层的性质等因素有关。固体颗粒尺寸不同时，四种原理所起作用和效率就存在差异，如固体颗粒尺寸大于介质孔道直径时，过滤原理则以直接拦截为主；颗粒尺寸小于介质孔道直径时则分别以惯性撞击、扩散拦截原理和重力沉降为主。实际上，无论是液体或气体，这四种原理都同时存在，只是作用强弱不同。由于这四种原理的共同作用而使过滤分离效率得以增强。

7.1.2 过滤的影响因素

影响过滤的因素很多，主要有以下几种。

1. 混合物中悬浮微粒的性质

通常情况下，悬浮微粒越大，粒子越坚硬，大小越均匀，固-液分离越容易，过滤速度越大；反之亦然。如发酵液中的细菌菌体较小，分离较困难，过滤速度就会相对减小；而胶体粒子通常悬浮于流体中，必须运用凝聚与絮凝技术，增大悬浮粒子的体积，以利于固-液分离，从而获得澄清的滤液。

2. 混合液的黏度

流体的流动特性对固-液分离影响很大。其中黏度的影响最大。流体的黏度越大，过滤速度就会越低，固-液分离越困难。通常混合液的黏度与其组成和浓度密切相关，组成越复杂，浓度越高，其黏度越大。如以淀粉作碳源、黄豆饼作氮源的培养基，其发酵液的黏度较大。

3. 操作条件

固-液分离操作中温度、pH、操作压力、滤饼厚度等因素都会影响固-液分离速率。通常来说，升高温度，调整 pH，都可改变流体黏度，从而使固-液分离效率得到提高；降低滤饼层的厚度可使过滤阻力减小，从而提高滤速；提高操作压力也可提高过滤速度，但若滤饼的可压缩性较大时，提高压力往往会使滤饼进一步压缩，过滤阻力增大，反而造成滤速下降。

4. 助滤剂的使用

对于可压缩性滤饼，当过滤压力差增大时，滤饼颗粒变形、颗粒间的孔道变窄，有时甚至会因颗粒过于细密而将通道堵塞，严重影响正常过滤。为了防止此种情况发生，可在滤布面上预涂一层比表面积较大、颗粒均匀、性质坚硬、不易压缩变形的物料，这种预涂物料即为助滤剂。助滤剂表面有吸附胶体的能力，而且颗粒细小坚硬，不可压缩，所以能防止滤孔堵塞，缓和过滤压力上升，提高过滤操作的经济性。有时也可将助滤剂加到待过滤的滤浆中，所得到的滤饼将有一个较坚硬的骨架，其压缩性减小，孔隙率增大。

5. 固-液分离设备和技术

采用不同的固-液分离技术，如过滤、沉降和离心分离，其分离效果不同；同一种分离技术，选用的设备结构、型号不同，其分离效果也不同。在选择固-液分离设备时，要根据被分离混合物的性质、分离要求、操作条件等因素综合考虑。

7.1.3　过滤设备

1. 板框压滤机

板框压滤机如图 7-2 所示。它由相互交替排列的滤板、滤框和罩在滤板两侧过滤面上的滤布组成。锁紧压滤机后,每两个相邻的滤板及位于其中间的滤框就围成一个独立的、可供滤浆进入和形成滤饼的滤室。

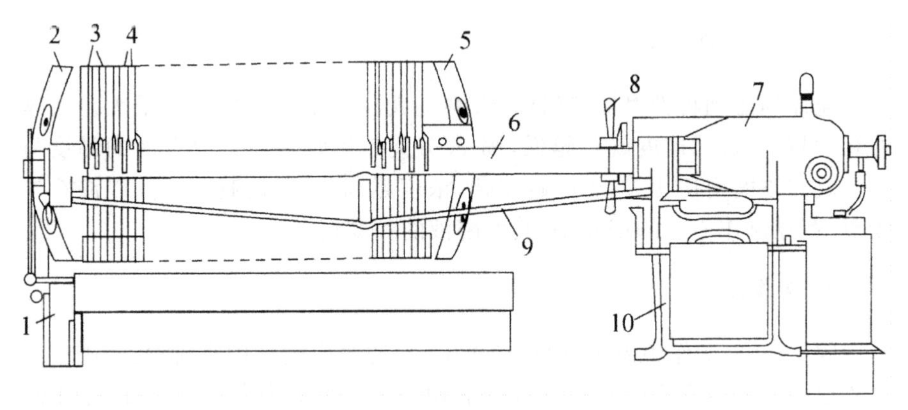

图 7-2 板框式压滤机

1—支座;2—固定板;3—沟纹板;4—过滤板框;5—压紧机;6—横梁;7—压紧机构;8—手轮;9—拉杆;10—支座

压滤机的机架由固定端板、压紧装置及一对平行的横梁组成。在压紧装置的前方有一放置在横梁上可前后移动的活动端板。在固定端板与活动端板之间是相互交替排列、垂直搁置在横梁上的滤板、滤框。滤板、滤框可沿着横梁移动、开合。当压紧装置的压杆顶着活动端板向前移动时,就将滤板、滤框、滤布夹紧在活动端板与固定端板之间形成过滤空间。当压紧装置的压杆拉动着活动端板向后移动时,就松开滤板、滤框,从而可对滤板、滤框、滤布逐一进行卸渣、清洗。

2. 水平滤叶型叶滤机

水平滤叶型叶滤机的罐体有立式和卧式两种。常用的为立式罐体,并将圆盘形叶片安装在可转动空心轴上,如图 7-3 所示。

过滤时滤液通过已形成的滤饼,从位于滤饼下方的滤叶过滤面汇流至空心轴再通往罐外。卸滤饼时先向空心轴逆向通入少量的水,使滤饼松动,再转动中心轴,利用离心力将滤饼甩出,并由位于罐底的除渣刮板将滤饼泥刮至排渣口排出罐外。

3. 垂直滤叶型叶滤机

图 7-4 所示为华雷兹型叶滤机,圆盘形滤叶安装在空心的中心轴上,过滤时中心轴以 1~2 r/min 的转速缓慢旋转,在滤叶两侧形成均匀滤饼,滤液则通过空心的中心轴排出。滤饼可用压缩空气反吹进行干法卸料,也可

用压力水喷射进行湿法卸料，卸下的滤饼由底部的螺旋输送器排出。

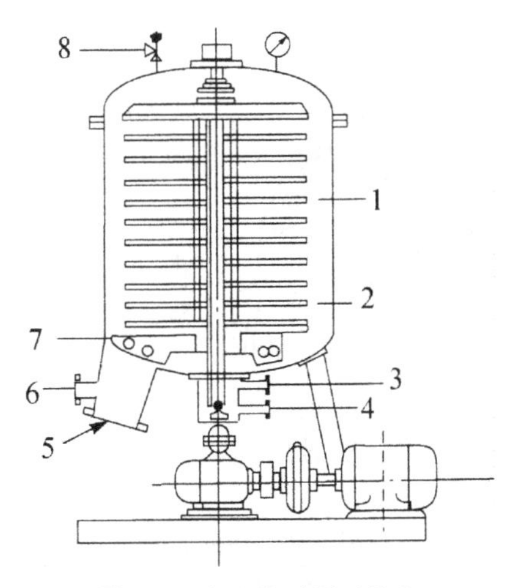

图 7-3 水平滤叶型叶滤机

1—滤叶；2—回收滤液用滤叶；3—回收残液出口；4—滤液出口；
5—排渣口；6—原液出口；7—除渣刮板；8—安全阀

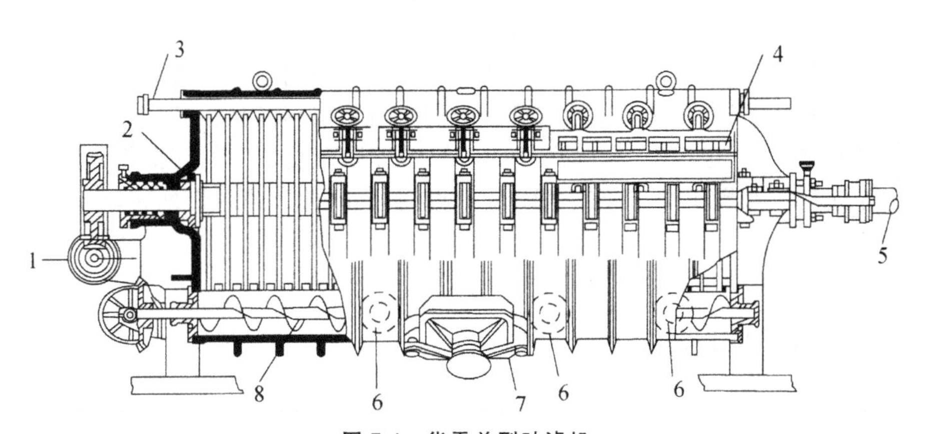

图 7-4 华雷兹型叶滤机

1—传动装置；2—联轴器；3—喷洗水管；4—观察孔；5—滤液出口；
6—物料进口；7—滤饼排出口；8—螺旋输送器

4. 真空过滤机

食品工业中应用最多的真空过滤机是转鼓真空过滤机。如图 7-5 所示为刮刀卸料转鼓真空过滤机的结构。

刮刀卸料转鼓真空过滤机又称为奥利佛(Oliver)过滤机，其基本结构形式为安装在敞口料浆槽上的圆筒形转鼓，转鼓在料浆槽中有一定的浸没率，以保证一定的吸滤面积。转鼓在径向分隔成 10～30 个扇形滤室，扇形滤室的圆弧形表面是覆盖着滤布的过滤筛(栅)板,由此组成转鼓的圆柱形过滤面。

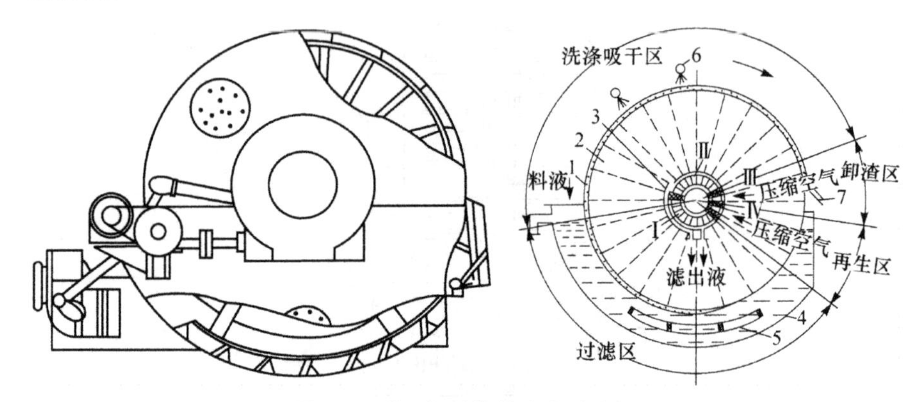

图 7-5　刮刀卸料转鼓真空过滤机

1—转鼓;2—过滤室;3—分配图;4—料液槽;

5—摇摆式搅拌器;6—洗涤液喷嘴;7—刮刀

转鼓真空过滤机的关键部件为由转动阀盘和固定阀盘组成的气源分配阀,位于转鼓空心轴端的转动阀盘中的分配孔道分别与转鼓的每个扇形滤室的管口相连通;位于料浆槽机架上的固定阀盘则与真空管路及压缩空气管路相连。转鼓转动时,由气源分配阀对每个扇形滤室在转动中所处的位置切换气源,进行吸滤、洗涤、脱水、卸料等周而复始的循环操作。转鼓真空过滤机在操作时,转鼓一般以 0.1～2 r/min 的转速缓慢地转动,进行真空过滤。

7.2　膜与膜组件

7.2.1　膜

1. 膜的分类

按不同的标准,膜可以分为不同的类型。

(1)按膜的来源分类。按膜的来源分类,膜可分为天然膜和合成膜,如图 7-6 所示。

按膜的来源分类：

(1)天然膜。天然膜主要是纤维素的衍生物，有醋酸纤维、硝酸纤维和再生纤维素等。醋酸纤维膜使用的最高温度和pH范围有限，一般使用温度低于50℃，pH在3～8。再生纤维素可用于制造透析膜和微滤膜。

(2)合成膜。大部分市售膜为合成高分子膜，主要有聚砜、聚丙烯腈、聚酰亚胺、聚酰胺、聚烯类和含氟聚合物等。

图 7-6 按膜的来源分类

(2)按膜的孔径大小分类。按膜的孔径大小分类，可将膜分为微滤膜、超滤膜、纳滤膜和反渗透膜等，如图 7-7 所示。

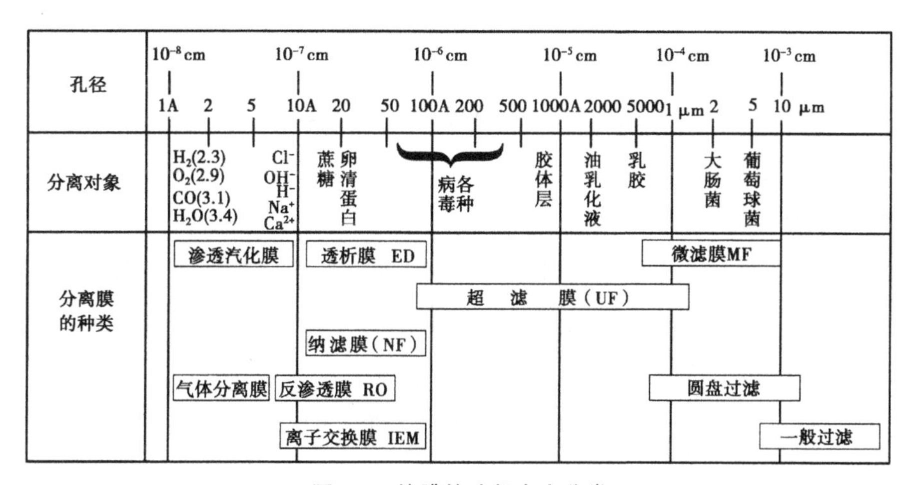

图 7-7 按膜的孔径大小分类

(3)按膜的结构分类。按膜的结构分类，可将膜分为对称性膜和非对称性膜，如图 7-8 所示。

按膜的结构分类：

对称性膜。对称性膜是没有表皮和支撑层之分，是由同一种材料制成，且分布均匀一致。

非对称性膜。非对称性膜有相转化膜及复合膜两类。相转化膜表皮层与支撑层为同一种材料，通过相转化过程形成非对称结构；而复合膜表皮层与支撑层则由不同材料组成，通过在支撑层上进行复合浇铸、界面聚合、等离子聚合等方法形成超薄表皮层

图 7-8 按膜的结构分类

(4)按膜的材料分类。按膜的材料分类，可将膜分为无机膜和有机膜，如图 7-9 所示。

按膜的材料分类
- 无机膜。无机膜主要是微滤级别的膜，有陶瓷、微孔玻璃、不锈钢和碳素等
- 有机膜。有机膜是由高分子材料做成的，如醋酸纤维素、芳香族聚酰胺、聚醚砜、聚氟聚合物等

图 7-9　按膜的材料分类

(5)按膜的渗透性质分类。按膜的渗透性质分类，可将膜分为透过性膜和半渗透膜，如图 7-10 所示。

按膜的渗透性质分类
- 透过性膜。在相同的条件下，不同的分子在透过膜时速率相同，则这种膜就叫作透过性膜
- 半渗透膜。在相同的条件下，不同的分子在透过膜时速率各不相同，则这种膜就叫作半渗透膜

图 7-10　按膜的渗透性质分类

(6)按膜孔的特点分类。按膜孔的特点分类，可将膜分为多孔膜和致密膜，如图 7-11 所示。

按膜孔的特点分类
- 多孔膜。每平方厘米含有1 000万至1亿个孔，孔隙率在70%～80%，孔径均匀，孔径范围在0.02～20 μm的无机膜叫作多孔膜
- 致密膜。致密膜主要是由物质的晶区和无定形区组成的。孔径在0.5～1 nm，孔隙率小于10%，厚度为0.1～1.25 μm，具有透过性的膜，又称为非多孔膜

图 7-11　按膜孔的特点分类

2. 膜的性能

虽然膜的种类繁多，但在实际应用中，对膜的基本要求是共同的。一般都要求膜具有如图 7-12 所示的特性。

7.2.2　膜组件

膜组件是由膜、固定膜的支撑体、间隔物以及收纳这些部件的容器共同构成的一个单元，也叫作膜装置。膜组件的结构根据膜的形式而异，目前市售的有四种形式：管式、平板式、中空纤维式和螺旋卷式。

1. 管式膜组件

将膜固定在内径为 10～25 mm，长约 3 m 的圆管状多孔支撑体上构

成，10～20 根管式膜并联或用管线串联，收纳在筒状的容器内构成管式膜组件（图 7-13）。

膜的性能：

- 耐压性。为了达到有效分离的目的，各种功能分离膜的微孔是很小的，为提高各种膜的流量和渗透性，就必须施加压力
- 耐温性。在膜分离过程中，通常分离和提纯物质时的温度范围为0～82℃，清洗和蒸汽消毒系统的温度≥110℃，所以要求膜要有一定的耐温性能
- 耐酸碱性。待处理料液偏酸、偏碱性时，往往会严重影响膜的寿命，所以要求膜要有一定的耐酸、耐碱性，以适用分离的具体要求
- 化学相容性。要求膜材料能够耐各种化学物质的侵蚀而不致产生膜性能的改变
- 生物相容性。高分子材料对生物体来说是个异物，因此必须要求它不使蛋白质和酶发生变性、无抗原性等
- 低成本。要使膜分离技术在生产中被广泛使用，膜的制造和使用成本就必须低廉，否则它就很难得到推广

图 7-12　膜的性能

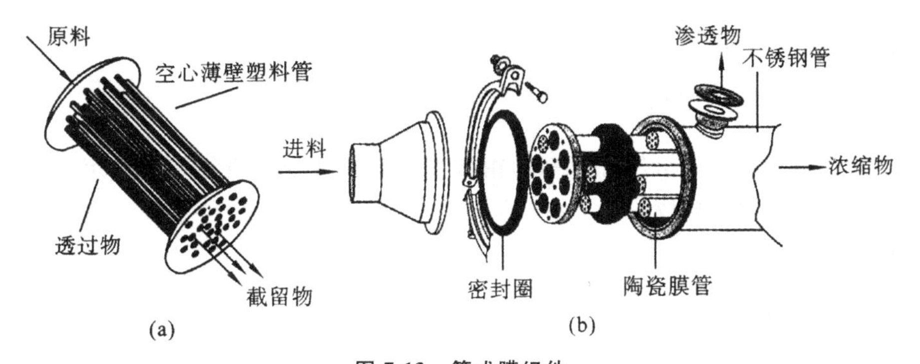

图 7-13　管式膜组件

管式膜组件的优点如图 7-14 所示。

管式膜组件的优点：

- 能有效地控制浓差极化，流动状态好，可大范围地调节料液的流速
- 膜生成污垢后容易清洗
- 对料液的预处理要求不高，并可处理含悬浮固体的料液

图 7-14　管式膜组件的优点

管式膜组件的主要缺点是投资和运行费用较高，单位体积内膜的面积较低。

2. 平板式膜组件

平板式膜组件(图 7-15)由多枚圆形或长方形平板膜以 1 mm 左右的间隔重叠加工而成，膜间衬有多孔薄膜，供液料或滤液流动。

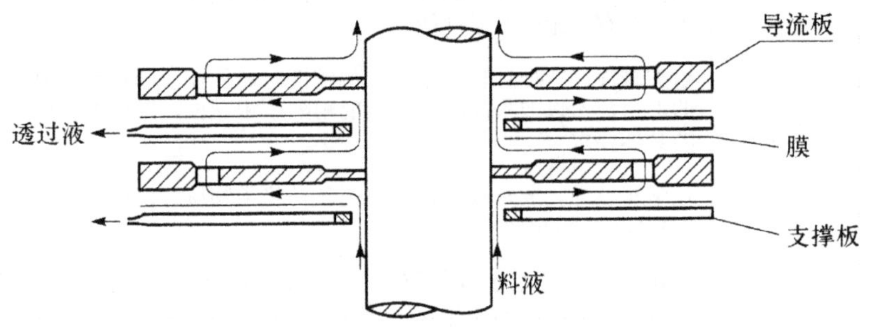

图 7-15　平板式膜组件

平板式膜组件具有保留体积小，能量消耗介于管式和螺旋卷式之间等优点，但是体积较大。

平板式膜组件的缺点是在平板式膜组件中需要个别密封的数目太多，另外，内部压力损失也相对较高。

3. 中空纤维式膜组件

中空纤维式膜组件(图 7-16)由数百至数百万根中空纤维膜固定在圆筒形的容器内而构成。

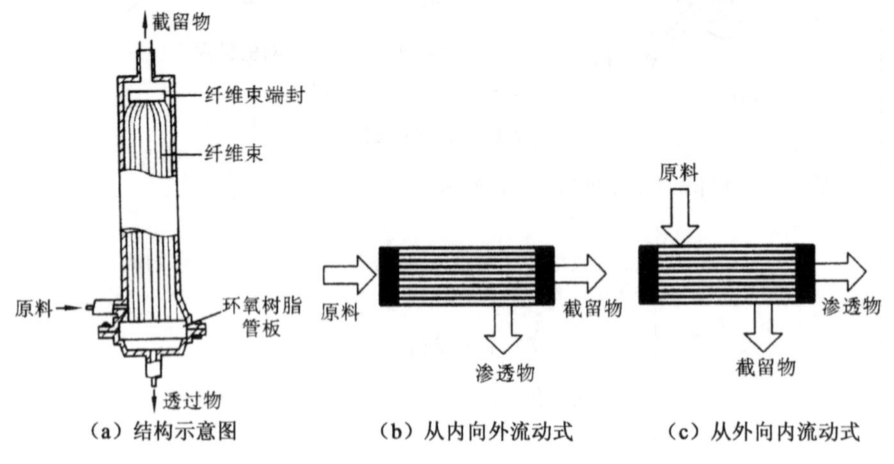

图 7-16　中空纤维式膜组件

中空纤维式膜组件的特点如图 7-17 所示。

中空纤维式膜组件的特点：
- 组件能做到非常小型化。由于不用支撑体，在组件内能装几十万到上百万根中空纤维，所以有极高的膜装填密度，一般为16 000～30 000 m^2/m^3
- 透过液体侧的压力损失大。透过膜的液体是由极细的中空纤维膜的中心部位引出的，压力损失能达数个大气压
- 膜面污垢去除较困难，只能采用化学清洗而不能进行机械清洗
- 中空纤维膜一旦损坏是无法更换的
- 对进料液要求严格的预处理

图 7-17　中空纤维式膜组件的特点

尽管中空纤维式膜组件存在一些缺点，但由于中空纤维膜生产的工业化，以及组件膜的高装填密度和高产量，因此它仍是重点研究发展的类型之一。

4. 螺旋卷式膜组件

两张平板膜固定在多孔性滤液隔网上（隔网为滤液流路），两端密封构成螺旋卷式膜组件（图 7-18）。

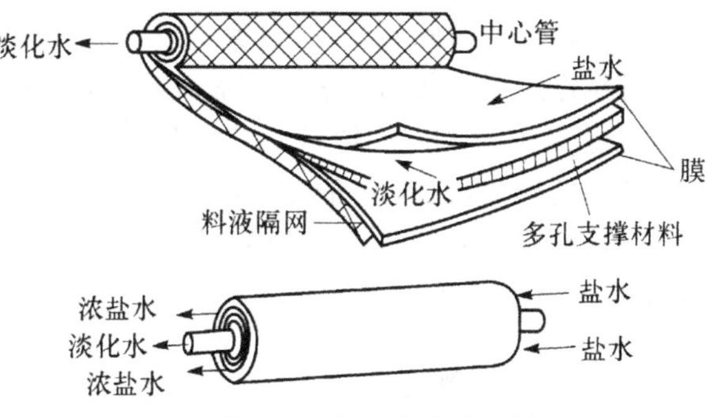

图 7-18　螺旋卷式膜组件

螺旋卷式膜组件的特点如图 7-19 所示。

螺旋卷式膜组件的特点：
- 结构简单，造价低廉
- 装填密度相对较高
- 由于有进料分隔板，物料交换效果良好
- 能耗低
- 膜的更换及系统的投资较低

图 7-19　螺旋卷式膜组件的特点

螺旋卷式膜组件的不足之处如图 7-20 所示。

螺旋卷式膜组件的不足：
- 渗透物侧流体流动路径较长
- 难以清洗
- 膜必须是可焊接和可黏结的
- 料液的预处理要求严格

图 7-20　螺旋卷式膜组件的不足

7.2.3　浓差极化与膜污染及其防治

1. 浓差极化

在膜分离操作中，所有溶质均被透过液传送到膜表面上，不能完全透过膜的溶质受到膜的截留作用，在膜表面附近浓度升高。这种在膜表面附近浓度高于主体浓度的现象称为浓差极化。

2. 膜污染

膜污染是指被处理物料中的胶体粒子、溶质大分子和微粒由于与膜存在物理化学作用或机械作用而引起的膜表面或膜孔内吸附、堵塞使膜产生透过通量减少的不可逆变化的现象。物料中的组分在膜表面吸附沉积形成的污染层将产生额外的阻力，该阻力可能远大于膜本身的阻力而使过滤通量与膜本身的渗透性能无关；组分在膜孔中沉积，将造成膜孔减小甚至堵塞，同时也减小了膜的有效面积。

3. 浓差极化和膜污染的控制措施

为了消除浓差极化的危害，在实际操作中常用以下方法：

(1)选择合适的膜组件结构。

(2)改善流动状态，如加入紊流器、料液脉冲流动、螺旋流等。

(3)提高流速，提高传质系数。

(4)适当提高进料液温度以降低黏度，增大传质系数。

(5)选择适当的操作压力，避免增加沉积层的厚度。

(6)采用错流操作方式。

(7)定期对膜进行反冲和清洗。

膜清洗方法通常可分为物理方法与化学方法。

(1)物理方法清洗。物理方法清洗是将海绵球通到管式膜中进行洗涤,可不必停止装置的运转,或利用供给液本身间歇地冲洗膜组件内部,这种清洗方法是在膜滤每运行一个短的周期以后,关闭透过液出口,这时膜的内、外压力差消失,附着于膜面上的沉积物变得松散,在液流的冲刷作用下,沉积物脱离膜而随液流流走,达到清洗的目的。其他的物理清洗方法还有脉冲流动、超声波等。通过物理清洗,一般能有效地清除因颗粒沉积造成的膜孔堵塞,但其往往不能把膜面彻底洗净,特别是对于吸附作用而造成的膜污染,或者由于膜分离操作时间长、压力差大而使膜表面胶层压实造成的污染。

(2)化学方法清洗。化学方法清洗是选用一定的化学药剂,对膜组件进行浸泡,并应用物理清洗的方法循环清洗,达到清除膜上污染物的目的。例如,抗生素生产中对发酵液进行超滤分离,每隔一定时间,要求配制 pH 11 的碱液,对膜组件浸泡 15~20 min 后清洗,以除去膜表面的蛋白质沉淀和有机污染物。又如,当膜表面被油脂污染以后,其亲水性能下降,透水性降低,这时可用热的表面活性剂溶液进行浸泡清洗。常用的化学清洗剂有酸、碱、酶(蛋白酶)、螯合剂、表面活性剂、过氧化氢、次氯酸盐、磷酸盐、聚磷酸盐等。它们主要是利用溶解、氧化、渗透等作用来达到清洗的目的。

7.3 微滤技术

7.3.1 微滤的原理

微滤(MF)是利用微孔滤膜的筛分作用,在静压差推动下,将滤液中尺寸大于 0.1~10 μm 的微生物和微粒子截留下来,以实现溶液的净化、分离和浓缩的技术。

通常认为,微滤的分离机理为筛分机理,膜的物理结构起决定作用。此外,吸附和电性能等因素对截留也有影响。

微孔滤膜的截留机理因其结构上的差异而不尽相同。通过电镜观察认为,微孔滤膜截留作用大体可分为以下两大类(图 7-21)。

1. 表面层截留

表面层截留分为机械截留、吸附截留和架桥截留。

(1)机械截留。它是指膜具有截留比它孔径大或与孔径相当的微粒等杂质的作用,即过筛作用。

(2)吸附截留。它是指膜通过对微粒物理吸附和电吸附等,将微粒截留的作用。

(3)架桥截留。它是指在膜孔的入口处,微粒因为架桥作用而被截留的现象。

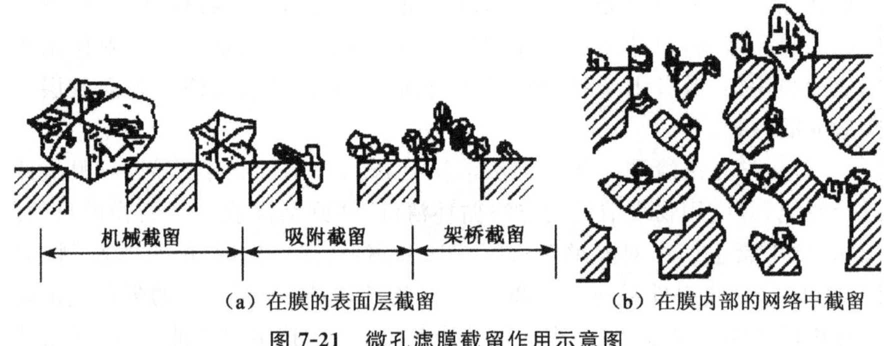

图 7-21　微孔滤膜截留作用示意图

2. 膜内部截留

膜内部截留是指将微粒截留在膜内部而不是在膜的表面。对于表面层截留来说,其过程接近于绝对过滤,容易清洗,但杂质捕捉量相对于内部截留较少。而对于膜内部截留来说,杂质捕捉量较多,但不容易清洗,多属于一次性使用。

7.3.2　微滤的操作方式

微滤的过滤过程有两种操作方式,即死端微滤和错流微滤。

1. 死端微滤

在死端微滤中,待澄清的流体在压差推动下透过膜,而微粒被膜截留,截留的微粒在膜表面上形成滤饼,并随时间而增厚,滤饼增厚使微滤阻力增加,如图 7-22(a)所示。死端微滤通常为间歇式,需定期清除滤饼或更换滤膜。

2. 错流微滤

错流微滤如图 7-22(b)所示,原料液以切线方向流过膜表面。溶剂和小于膜孔的颗粒,在压力作用下透过膜,大于膜孔的颗粒则被膜截留而停留在膜表面形成一层污染层。与死端过滤不同的是,料液流经膜表面产生的高剪切力可使沉积在膜表面的颗粒扩散返回主体流，从而被带出微滤组件，使污染层不能无限增厚。由于过滤导致的颗粒在膜表面的沉积速度与流体流经膜表面时由速度梯度产生的剪切力引发的颗粒返回主体流的速度达到平衡，可使该污染层在一个较薄的水平上达到稳定，此时，膜渗透速率可在较长一段时间内保持在相对高的水平上。当处理量大时，为避免膜被堵塞，宜采用错流操作。

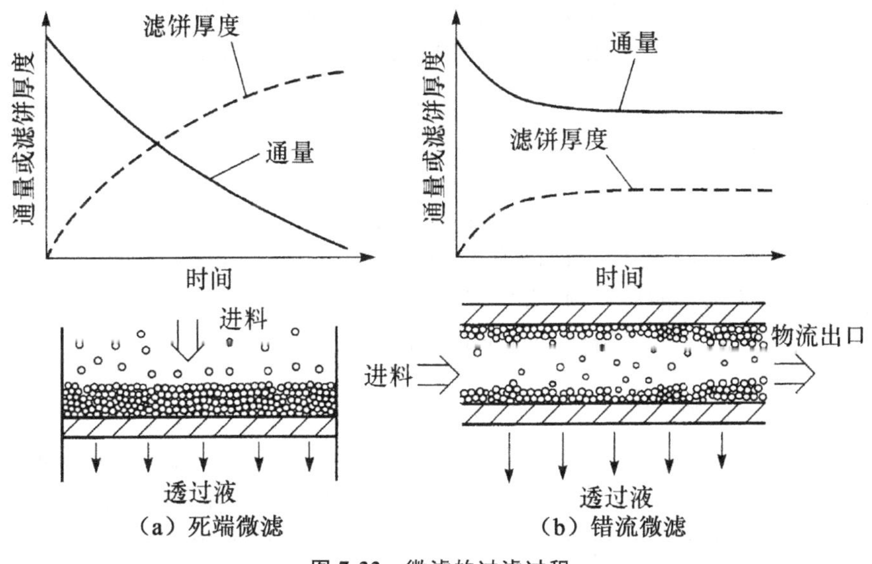

图 7-22　微滤的过滤过程

7.3.3　微滤的应用

微滤是膜过滤中应用最为普遍的一项技术，该技术已在水处理、制药工业、电子工业、食品工业中得到了广泛的应用。

1. 水处理

使用膜技术进行城市污水和工业废水处理，可生产出不同用途的再生水，如工业冷却水、绿化用水和城市杂用水，是解决水资源匮乏的重要途径。近年来，微滤作为水的深度处理技术得到了快速发展。

由于水资源严重匮乏，许多国家和城市特别是沿海城市开始利用膜技术进行海水淡化。微滤用于海水的深度预处理，去除海水中的悬浮物、颗粒以及大分子有机物，为反渗透提供原料水。

2. 制药工业

在制药工业中,注射液及大输液中微粒污染可引起血管阻塞、局部缺血、水肿和过敏反应等病理现象,需要除去。此外,医院中手术用水及洗手用水也要除去悬浊物和微生物。这些都可应用微滤过滤技术解决。

目前,应用微滤技术生产的西药品种有葡萄糖大输液、维生素C、复合维生素、硫酸阿托品、肾上腺素、盐酸阿托品、安痛定等注射液。此外,还有报道应用微滤技术获取昆虫细胞、分离大肠杆菌以及抗生素、血清和血浆蛋白等多种溶液的灭菌等。

3. 电子工业

微滤技术一直用于从生产半导体的液体中去除粒子。微滤在电子工业纯水制备中主要有两方面的作用:第一,在反渗透或电渗析前作为过滤器,用以去除细小的悬浮物;第二,在阴、阳或混合交换柱后,作为最后一级终端过滤手段,滤除树脂碎片或细菌等杂质。

4. 食品工业

食品工业的生产过程需要大量水并产生大量的废水,经厌氧生物处理后的出水再经过连续微滤处理和消毒即可回用,可有效地脱除酿造行业产品中的酵母、霉菌以及其他微生物,得到的滤液清澈、透明、保质期长,这是一个经济有效的解决方案,可实现零排放。

7.4 超滤技术

7.4.1 超滤的原理

超滤(Ultra-Filtration,UF)是一种在静压差的推动力作用下,原料液中大于膜孔的大粒子溶质被膜截留,小于膜孔的小溶质粒子通过滤膜,从而实现分离的过程。

超滤膜对大分子的截留机理主要是筛分作用。决定截留效果的主要是膜的表面活性层上孔的大小与形状。除了筛分作用外,膜表面、微孔内的吸附和粒子在膜孔中的滞留也能使大分子被截留。实践证明,某些情况下,膜表面的物化性质对分离也有重要影响。由于超滤处理的是大分子溶液，溶液的渗透压对过程也有一定的影响。

根据基本的物理效应，可以将超滤过程的模型分成毛细流动模型和溶液扩散模型，如图 7-23 所示。

超滤过程的模型

- 毛细流动模型。在这种模型中，溶质的脱除主要靠流过微孔结构时的过滤或筛滤作用，半透膜阻止了大分子的通过。按这一模型所建立是毛细孔中的层流流动
- 溶解扩散模型。在这种模型中，假定扩散的溶质分子，先溶解于膜的结构材料中，而后再经载体的扩散而传递。因为分子种类不同，溶解度和扩散速度也不相同，因此，溶解扩散模型似乎能合理解释反渗透膜对溶液中不同成分的选择性

图 7-23　超滤过程的模型

7.4.2　超滤的操作方式

生物分离中常用的超滤系统均可采用间歇操作或连续操作的方法。

1. 间歇操作

在间歇操作中，又可分为浓缩模式和透析过滤模式两种模式，如图 7-24 所示。

间歇操作的模式

- 浓缩模式。在浓缩模式中，料液一次加入贮槽中，以泵进行循环，同时有透过液流出，料液逐渐浓缩，但由于浓差极化或膜污染等原因，通量随着浓缩的进行而降低，故欲使小分子达到一定程度的分离所需时间较长
- 透析过滤模式。透析过滤是在过程中不断加入水或缓冲液，其加入速度和通量相等，这样可保持较高的通量，但处理的量较大，影响操作所需时间

图 7-24　间歇操作的模式

在实际操作中，常常将浓缩模式和透析过滤模式结合起来，即开始时采用浓缩模式，当料液达到一定浓度时转变为透析过滤模式，可使整个膜分离过程所需时间较短。

2. 连续操作

在连续操作中，又可分为单级和多级操作。如图 7-25 所示为三级连续操作。料液由料液泵送入系统中，在每一级中各有一循环泵将液体进行循环，各级都有一定量的透过液流出，进入下一级的循环液浓度不同于料液

浓度。由于第一级处理量大，所以膜面积也大，以后各级依次减小。在连续操作中，最后一级的循环液即为成品，故浓度较高，通量较低。

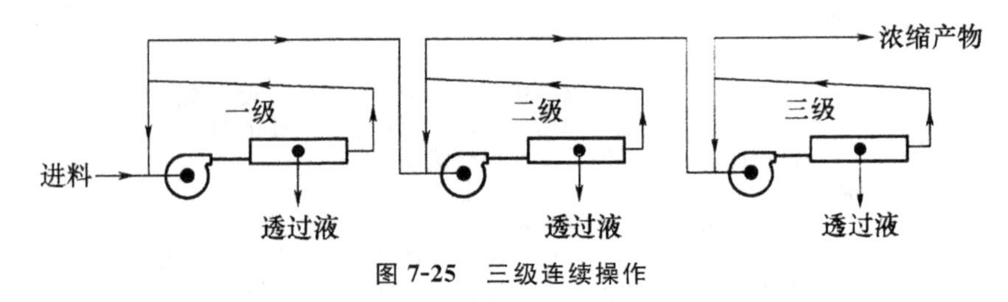

图 7-25　三级连续操作

7.4.3　超滤的应用

超滤过程中没有相的转移，无须添加任何强烈化学物质，可以在低温下操作，过滤速率较快，便于作无菌处理等。这些优点可使分离操作简化，避免了生物活性物质的活性损失和变性。因此，超滤技术可用于如图 7-26 所示的几个方面。

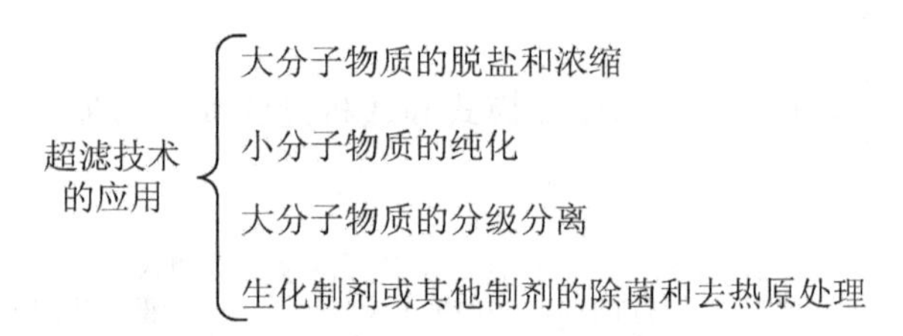

图 7-26　超滤技术的应用

超滤常用于反渗透、电渗析、离子交换等的前处理。主要应用的领域有纺织印染废水处理、造纸工业废水处理、电泳涂漆废水处理、含油废水的处理、食品工业、生物制药等。

7.5　反渗透技术

7.5.1　反渗透的原理

反渗透(RO)是具有半透性能的薄膜。它能够在外加压力的作用下使水溶液中的某些组分选择性透过，从而达到水体淡化和净化的目的。

反渗透的基本原理是利用反渗透膜选择性的透过作用，以膜两侧静压差为推动力，克服溶剂的渗透压，使溶剂通过反渗透膜而实现对液体混合物进行分离的膜过程。

反渗透过程必须满足两个条件，如图 7-27 所示。

反渗透过程的条件
- 有一种高选择性和高透过率(一般是透水)的选择性透过膜
- 操作压力必须高于溶液的渗透压

图 7-27　反渗透过程的条件

7.5.2　反渗透的操作方式

反渗透装置的基本单元为反渗透膜组件，将反渗透膜组件与泵、过滤器、阀、仪表及管路等按一定的技术要求组装在一起，即成为反渗透装置。

根据处理对象和生产规模的不同，反渗透装置主要有连续式、部分循环式和全循环式三种流程，下面介绍几种常见的工艺流程。

1. 一级一段连续式

工作时，泵将料液连续输入反渗透装置，分离所得的透过水和浓缩液由装置连续排出。如图 7-28 所示为一级一段连续式的工艺流程示意图。该流程的缺点是水的回收率不高，因而在实际生产中的应用较少。

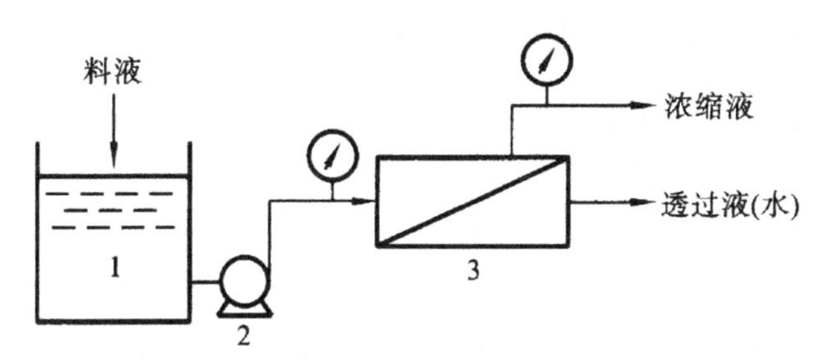

图 7-28　一级一段连续式的工艺流程

1—料液储槽；2—泵；3—膜组件

2. 一级多段连续式

当采用一级一段连续式工艺流程达不到分离要求时，可采用一级多段连续式工艺流程。如图 7-29 所示为一级多段连续式的工艺流程示意图。

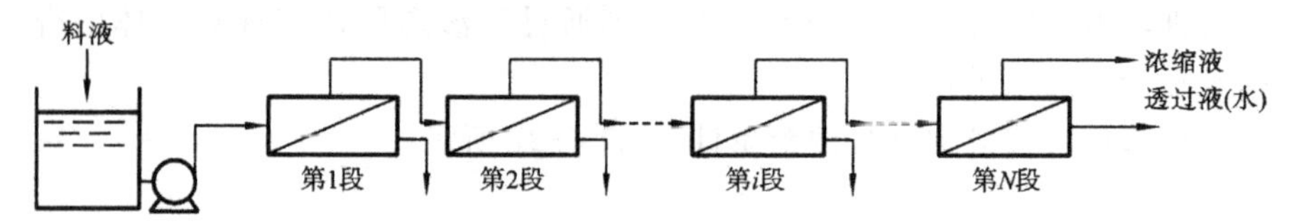

图 7-29　一级多段连续式的工艺流程

操作时，第 1 段渗透装置的浓缩液即为第 2 段的进料液，第 2 段的浓缩液即为第 3 段的进料液，以此类推，而各段的透过液（水）经收集后连续排出。

此种操作方式的优点是水的回收率及浓缩液中的溶质浓度均较高，而浓缩液的量较少。一级多段连续式工艺流程适用于处理量较大且回收率要求较高的场合，如苦咸水的淡化以及低浓度盐水或自来水的净化等均可采用该流程。

3. 一级一段循环式

在反渗透操作中，将连续加入的原料液与部分浓缩液混合后作为进料液，而其余的浓缩液和透过液则连续排出，该流程即为一级一段循环式的工艺流程，如图 7-30 所示。

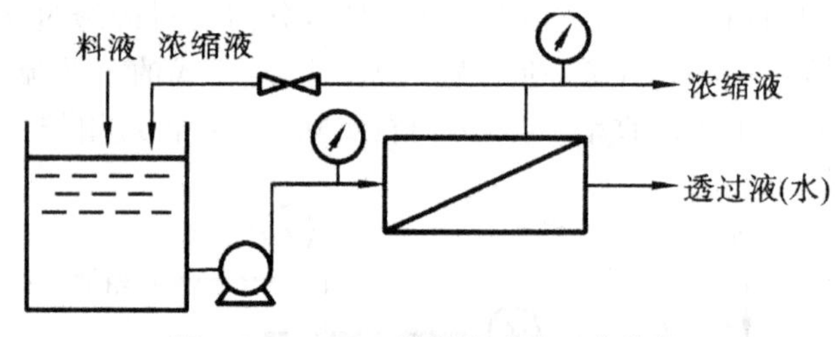

图 7-30　一级一段循环式的工艺流程

采用一级一段循环式工艺流程可提高水的回收率，但由于浓缩液中的溶质浓度要比原进料液中的高，因此透过水的水质有可能下降。一级一段循环式工艺流程可连续去除料液中的溶剂（水），常用于废液等的浓缩处理。

7.5.3　反渗透的应用

反渗透技术的大规模应用主要是苦咸水和海水淡化。此外，被大量的用于纯水制备及生活用水处理，以及难以用其他方法分离的混合物，如合成或天然聚合物的分离。

随着反渗透膜的高度功能化和应用技术的开发，反渗透过程的应用逐渐渗透到制备受热容易分解的产品以及化学上不稳定的产品，如药品、生物制品和食品等方面。

7.6　透析技术

7.6.1　透析的原理

透析是以膜两侧的浓度差为传质推动力，从溶液中分离出小分子物质的过程。

透析的动力是扩散压，扩散压是由横跨膜两边的浓度梯度形成的。如图 7-31 所示，透析时，小于截留分子量（MWCO）的分子在透析膜两边溶液浓度差产生的扩散压作用下渗过透析膜，高分子溶液中的小分子溶质透向水侧，水则向高分子溶液一侧透过。若经常更换蒸馏水，则可将蛋白质溶液中的盐类分子全部除去，这就是半透膜的除盐透析原理。假若膜外不是蒸馏水而是缓冲液，可以经过膜内外离子的相互扩散，改变蛋白质溶液中的无机盐成分，这就是半透膜的平衡透析原理。在离子交换色谱前，经常进行平衡透析处理。

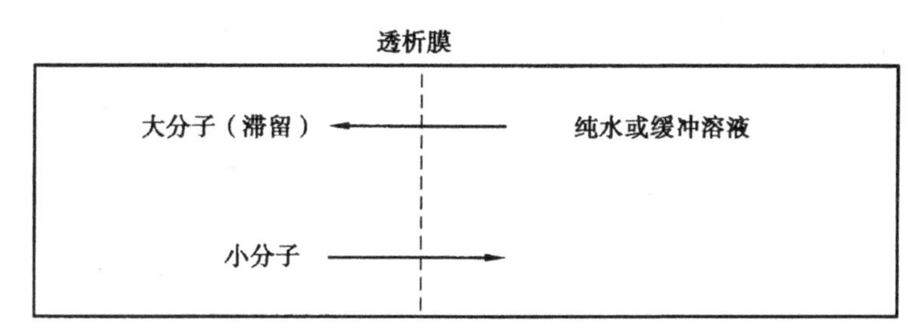

图 7-31　透析的原理

透析速度与浓度梯度、膜面积及温度成正比。常用温度为 4℃，升温、更换袋外透析液或用磁力搅拌器，均能提高透析速度。

7.6.2　透析的操作方式

1. 自由扩散透析

透析操作时，透析袋一端用橡皮筋或线绳扎紧，也可以使用特制的透析袋夹夹紧，由另一端灌满水，用手指稍加压，检查不漏，方可装入待透析液[图 7-32(a)]。小量体积溶液的透析，可在袋内放一截两头烧圆的玻璃棒或两端封口的玻璃管，以使透析袋沉入液面以下。

为了加快透析速度，除多次更换透析液外，还可以使用各种透析装置，如图 7-32(b)～(e)所示。

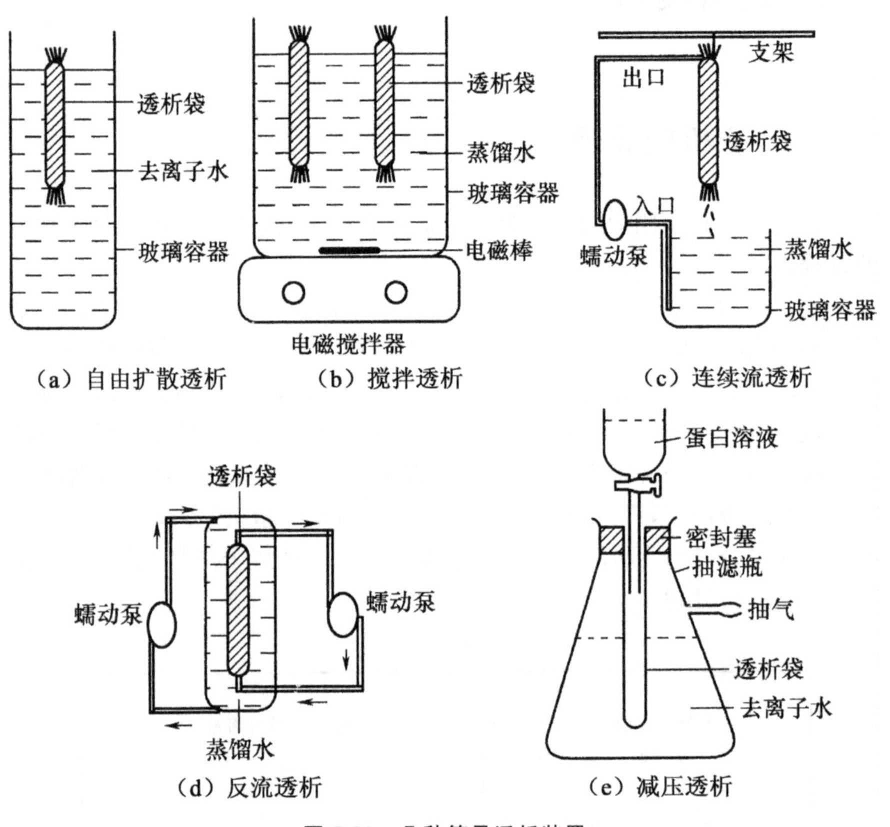

图 7-32 几种简易透析装置

2. 搅拌透析

搅拌透析是在透析容器下面安装一个电磁搅拌器，透析容器内的蒸馏水在电磁搅拌的作用下，形成一个漩涡流，自由扩散出来的小分子很快被分散到整个容器中，使透析袋外周始终保持低渗状态，克服了无搅拌形成的浓度梯度、自由扩散达到的平衡时间长等不足，节省透析时间，提高透析效率。

3. 连续流透析

连续流透析是将需要透析的样液装入透析袋内，悬挂在空中，利用重力差，透析袋内的小分子挤出透析膜外，然后通过蠕动泵将蒸馏水输送到透析袋的顶端，蒸馏水沿透析袋的四周往下淋洗，并将渗出的小分子带走。这种透析方式不但能使透析袋外周始终处于低渗状态，而且还有效地防止溶剂分子进入透析袋内，起到浓缩作用。

4. 反流透析

反流透析是使样液和蒸馏水在半透膜的两侧缓缓流动，两相溶液都处于动态透析状态，既有较大的透析面积，又能使膜内外的浓度差达到最大限度，提高了透析的效率。这种装置是将需要透析的样液由输液泵从膜内的底部注入，流向向上，蒸馏水从膜外的顶部注入，流向向下，使膜两侧分别形成不同流向的、不等渗的溶液，克服了透析袋内外两相溶液所形成的浓度差，极大地提高了透析的效率，但是这种透析装置操作比较麻烦。

5. 减压透析

减压透析是将溶胀好的透析袋上口与一个漏斗相连，透析袋的下端穿过抽滤瓶的橡皮塞孔，袋与漏斗的接口位于橡皮塞孔内，挤紧，袋的下端用绳线扎紧。然后用橡皮塞将抽滤瓶口塞紧，透析袋位于抽滤瓶中，把需要透析的样液装入漏斗中，抽真空，透析袋内的样液受负压的影响加速往外渗透，提高透析的效率。这种透析装置不但能够透析，而且还能进行浓缩，尤其适用于体积大浓度稀的样液。

对透析结果的判断，可采用物理或化学方法直接检测半透膜外小分子的浓度。若被透析的小分子是硫酸铵，则可用氯化钡检测；若是氯化钠，则可用硝酸银检测；氢离子或氢氧根离子用酸度计检测；肽类物质可用紫外分光光度计检测等。

7.6.3　透析的应用

透析主要应用于生物制品的除盐、除少量有机溶剂、除去生物小分子杂质、浓缩样品和医学人工肾方面，同时也有一些工业应用。下面就此做一简介。

1. 在实验室进行一些生化组分结晶

羊胰蛋白的结晶：将盐析法获得的羊胰蛋白粗品，溶于 0.4 mol/L、pH 为 9 的硼酸缓冲液中，过滤。滤液加入等量结晶透析液（0.4 mol/L 硼酸缓冲液与等体积饱和硫酸镁混合，以饱和碳酸钠调 pH 至 8.0)，装入透析袋内，于 0～5℃对以上结晶透析液透析。每天换结晶透析液一次，3～4 d 后出现结晶，7 d 内结晶完全。

2. 从人造丝浆压榨液中回收碱

从人造丝浆压榨液中回收碱，主要是用透析法分离原液(压榨液)中的半纤维素和 NaOH。透析膜是由聚乙烯醇制成的中空丝，原液沿中空丝的外部自下而上流动，水则自上而下走中空丝的内腔。原液同水的流量比大约为 3，如果要提高碱回收率，则可再增大该比值；如果要提高回收的渗出液的碱浓度，则可将流量比减小。

3. 血液透析

血液透析又叫“人工肾”，是使用最早、使用最多的血液净化治疗方法之一，现已成为一种安全、可靠的肾脏功能替代疗法，是许多慢性肾功能衰竭晚期患者维持生命的依靠。

血液透析方法是利用半透膜物质交换原理，将病人的血液引到透析器中，与透析液之间进行物质交换，血液中的有害物质透过透析膜被透析液带走，直接排出体外；血液中人体需要的物质不能通过透析膜，而留在了血液中，以此达到清除体内有毒物质和代谢废物，纠正电解质、酸碱平衡失常的治疗效果。

第 8 章　浓缩、结晶与干燥技术

8.1　浓缩

8.1.1　浓缩的原理

浓缩是指从溶液中除去部分水分(或其他溶剂),使溶质浓度提高的过程。

液体在任何温度下都在蒸发。蒸发是溶液表面的溶剂分子获得的动能超过了溶液内溶剂分子间的吸引力而脱离液面而逸向空间的过程。当溶液受热,溶剂分子动能增加,蒸发过程加快;液体表面积越大,单位时间内气化的分子越多,蒸发越快。液面蒸汽分子密度很小,经常处于不饱和的低压状态,液相与气相的溶剂分子为了维持其分子密度的动态平衡状态,溶液中的溶剂分子必然不断地气化逸向空间,以维持其一定的饱和蒸汽压力。根据此原理,蒸发浓缩装置常常按照加热、扩大液体表面积、低压等因素设计。

8.1.2　生物分离常用的浓缩方法

1. 常压蒸发

常压蒸发即在常压下加热使溶剂蒸发,最后溶液被浓缩。这种方法操作简单,温度可达 60～80℃,但仅适用于浓缩耐热物质及回收溶剂,对于含热敏性物质的溶液则不适用。对某些黏度很大的、容易结晶析出的生化药物也不宜使用。装液容器与接收器之间要安装冷凝管,使溶剂的蒸汽冷凝。

2. 减压蒸发

减压蒸发是根据降低液面压力使液体沸点降低的原理来进行的。减压蒸发通常要在常温或低温下进行。通过降低浓缩液液面的压力,从而使沸点降低,加快蒸发。此法适用于浓缩受热易变性的物质。例如,抗生素溶液、果汁等的蒸发,为了保证产品质量,需要在减压的条件下进行。当盛浓缩液的容器与真空泵相连而减压时,溶液表面的蒸发速率将随真空度的增高而增大,从而达到加速液体蒸发的目的。

减压蒸发的优点如图 8-1 所示。

减压蒸发的优点：
- 溶液沸点降低，在加热蒸汽温度一定的条件下，蒸发器传热的平均温度差增大，于是传热面积减小
- 由于溶液沸点降低，可以利用低压蒸汽或废热蒸汽作为加热蒸汽
- 溶液沸点低，可防止热敏性物料的变性或分解
- 由于温度低，系统的热损失小

图 8-1 减压蒸发的优点

减压蒸发的缺点如图 8-2 所示。

减压蒸发的缺点：
- 蒸发的传热系数减小
- 减压蒸发时造成真空，需要增加设备和动力

图 8-2 减压蒸发的缺点

3. 加压蒸发

加压蒸发是在高于大气压力下进行蒸发操作的蒸发处理方法。当蒸发器内的二次蒸汽是用作下一个热处理过程中的加热蒸汽时,则必须使二次蒸汽的压力高于大气压力。一般使用密闭的加热设备,效率高,操作条件好。

4. 薄膜蒸发

薄膜蒸发是指使药液形成薄膜而进行的蒸发。液体形成薄膜后,具有极大的汽化表面,热的传播快而均匀。增加药液的汽化表面是加速蒸发的重要措施。

该法具有药液受热温度低、时间短、蒸发速度快、可连续操作、成分不易被破坏、能连续操作、可在常压也可在减压下进行、能将溶剂回收重复使用和缩短生产周期等优点。

5. 多效浓缩

能量守恒定律确认:低温低压(真空)蒸汽含有的热能与高温高压蒸汽

的热能大致相等。将第一个蒸发器产生的二次蒸汽再次当作加热源，引入另一个蒸发器，只要控制蒸发器内的压力和溶液沸点，使其适当降低，则可利用第一个蒸发器产生的二次蒸汽进行加热。将第二个蒸发器产生的二次蒸汽引入第三个蒸发器，依次可以组成多效蒸发器。

由于二次蒸汽的反复利用，多效蒸发器属于节能型蒸发器。适用于蒸发量较大溶液的浓缩。

6. 冷冻浓缩

冷冻浓缩是利用冰与水溶液之间的固-液相平衡的浓缩方法，将稀溶液中的水形成冰晶，然后固、液分离，使溶液增浓。冷冻浓缩的基本原理是当溶液中所含溶质浓度低于低共熔浓度时，冷却结果表现为水分转化成冰晶析出。

冷冻浓缩的操作步骤如图 8-3 所示。

冷冻浓缩的操作步骤
- 部分水分从水溶液中结晶析出
- 将冰晶与浓缩液加以分离

图 8-3　冷冻浓缩的操作步骤

由于溶液中水分的排除不是用加热蒸发的方法，而是靠从溶液到冰晶的相间传递，所以可以避免芳香物质被加热时所造成的挥发损失；对于蛋白质溶液的浓缩，蛋白质不易变性，从而保持蛋白质中固有的成分；对于果汁浓缩，冷冻浓缩方法可以得到质量好的产品，能够很好地保持其中的色泽、风味、香气和营养成分。

冷冻浓缩的优点如图 8-4 所示。

冷冻浓缩的优点
- 适用于对热敏性物质的浓缩
- 可避免某些有芳香气味的物质因加热所造成的挥发损失
- 在低温下操作，气-液界面小，微生物增殖、溶质的劣化可控制在极低的水平
- 由冷冻浓缩引起的液态物质物理性状的改变基本同蒸发，但对色泽的影响要小一些

图 8-4　冷冻浓缩的优点

冷冻浓缩的缺点如图 8-5 所示。

从保证产品质量的角度来看，冷冻浓缩是生物制品浓缩的最佳方法，但是设备投资与日常操作费用高、操作复杂不宜控制、对冰核生成及冰晶

成长机理的研究不足、溶质损失严重等原因,使其工业化程度不高。

冷冻浓缩的缺点
- 对溶液的浓度有要求，冰晶与浓缩液的分离技术要求高，溶液的黏度越大，分离越困难
- 制成品相对浓度较低，微生物活性未能受到抑制，加工后仍需采用加热等后处理或需要冷冻储藏
- 晶液分离时，部分浓缩液(溶质)会因冰晶夹带而损失
- 生产成本相对较高

图 8-5　冷冻浓缩的缺点

7. 吸收浓缩

吸收浓缩是通过吸收剂直接吸收除去溶液中溶剂分子使溶液浓缩的方法。

(1)聚乙二醇浓缩。先将含生化药物的溶液装入半透膜的袋内,扎紧袋口,袋外放置聚乙二醇,袋内溶剂迅速被聚乙二醇吸去,溶液浓缩了几十倍,当聚乙二醇饱和后,可更换。

(2)葡聚糖凝胶浓缩。葡聚糖凝胶能够选择性地吸附低分子物质,而排除生物药物的大分子。选择好凝胶粒度后,将稀溶液 1/5 的干燥葡聚糖凝胶直接投入待浓缩的溶液中,搅拌 30 min,由于葡聚糖凝胶亲水性强,溶剂及小分子被吸收到凝胶内,大分子的生物药物留在剩余的溶液中。经过离心或过滤后,即得到浓缩的生物药物溶液。而得到的葡聚糖凝胶洗净后用乙醇脱水,干燥后可以继续使用。

8. 离子交换浓缩

在提取过程中,生物制品从发酵液中吸附在离子交换树脂上,然后选择适宜的洗脱剂将吸附物洗脱下来,实现分离、浓缩、提纯。

蛋白质、酶、核酸等带有电荷的生物大分子通过相反电荷的离子交换剂时,就会被吸附,用带有与生物大分子相同电荷的离子强度大的缓冲液洗脱后,大部分生物大分子物质就会被交换而被洗脱下来。

常用于浓缩的离子交换剂包括二乙基氨基-葡聚糖 A-50(DEAE-Sephadex A-50),二乙基(2-羟丙基)季胺基-葡聚糖 A-50(QAE-Sephadex A-50)等。

离子交换浓缩柱用离子强度小于 0.1 mol/L 的缓冲液平衡后上样,使被浓缩物质全部被留在柱床。上样结束后用起始缓冲液平衡数小时,用含有 0.5 mol/L 氯化钠的缓冲溶液洗脱,检测流出液,收集被浓缩物质。全部收集后,清洗离子交换树脂,用比洗脱时离子浓度大的缓冲溶液洗柱,然

后再用开始的缓冲液平衡，离子交换剂可以重复使用。

9. 吹干浓缩

将蛋白质溶液装入透析袋内，在电风扇下吹；将蛋白质溶液装入透析袋内置于真空干燥器的通风口上，负压抽气，而使袋内液体渗出。

该法简单，但速度慢。适用于大分子并且体积比较小的溶液的浓缩。

10. 超滤膜浓缩

超滤膜浓缩是利用微孔纤维素膜通过高压将水分滤出，而蛋白质存留于膜上达到浓缩目的。进行浓缩的方法如图 8-6 所示。

超滤膜浓缩的方法
- 用醋酸纤维素膜装入高压过滤器内，在不断搅拌之下过滤
- 将蛋白质溶液装入透析袋内置于真空干燥器的通风口上，负压抽气，而使袋内液体渗出

图 8-6　超滤膜浓缩的方法

8.1.3　浓缩的应用

浓缩技术在生物工程领域有广泛的应用。例如，在抗生素生产中，薄膜蒸发目前广泛应用于链霉素、卡那霉素、庆大霉素、新霉素、博莱霉素、丝裂霉素、杆菌肽等抗生素料液的浓缩。在乙醇、味精、柠檬酸工业中，采用多效膜式蒸发系统浓缩高浓度有机废水。在其他许多生物工业的生产部门也有大量使用蒸发浓缩技术的例子。随着我国工业技术的不断发展，各种新型、适合生物工业技术特点的蒸发器将会得到广泛的应用。

8.2　结晶

8.2.1　结晶的原理

结晶是使溶质以晶态从溶液中析出的过程。通过结晶，产品从溶解状态变成了固体，有利于运输、保存和使用，因此结晶是产品的一种固化手段。结晶也是一种纯化手段，通过结晶，溶液中的大部分杂质会留在母液中，使产品得到纯化。

当溶液处于过饱和状态时，维持水合物的水分子相对减少而且不足，分子间的分散或排斥作用小于分子间的相互吸引作用，溶质分子相互接触机会增加而聚集，便开始形成沉淀或结晶。

当溶液过饱和的速度过快时，溶质分子聚集太快，便会产生无定形的沉淀。若控制溶液缓慢地达到过饱和点，溶质分子就可能排列到晶格中，形成结晶。所以，在操作上有几点需要注意，如图 8-7 所示。

操作上的注意事项
- 要调整溶液，使之缓慢地趋向于过饱和点
- 选用一种水溶性非离子型聚合物，使生物大分子在同一液相中，由于被排斥而相互凝集沉淀析出

图 8-7　操作上的注意事项

8.2.2　结晶的过程

结晶包括三个过程：过饱和溶液的形成、晶核的生成和晶体的生长。

1. 过饱和溶液的形成

溶液的过饱和是结晶的推动力，只有当溶液浓度超过饱和浓度时，固体的溶解速度小于沉积速度，这时才可能有晶体析出。过饱和溶液的制备一般有以下几种方法。

(1)饱和溶液冷却。直接降低溶液的温度，使之达到过饱和状态，溶质结晶析出，此称为冷却结晶。冷却法适用于溶解度随温度降低而显著减小的场合。与此相反，对溶解度随温度升高而显著减小的场合，则应采用加温结晶。

(2)部分溶剂蒸发。蒸发法是使溶液在加压、常压或减压下加热，蒸发除去部分溶剂，达到过饱和溶液的结晶方法。这种方法主要适用于溶解度随温度的降低而变化不大的场合，或溶解度随温度升高而降低的场合。

(3)化学反应结晶法。此法是通过加入反应剂或调节 pH 生成一种新的溶解度更低的物质，当其浓度超过它的溶解度时，就有结晶析出。

(4)解析法。解析法是向溶液中加入某些物质，使溶质的溶解度降低，形成过饱和溶液而结晶析出。这些物质被称为抗溶剂或沉淀剂，它们可以是固体，也可以是液体或气体。抗溶剂或沉淀剂最大的特点是极易溶解于原溶液的溶剂中。

2. 晶核的生成

溶质在溶液中成核现象即生成晶核，在结晶过程中占有重要的地位。晶核的产生根据成核机理不同分为初级成核和二次成核。

(1)初级成核。初级成核是过饱和溶液中自发的成核现象，即溶液中在没有晶体存在的条件下自发产生晶核的过程。晶核是由溶质的分子、原子或离子形成，因这些粒子在溶液中做快速运动，便统称为运动单元，结合在一起的运动单元称为结合体，当结合体逐渐增大到某种极限时，便称为晶坯，晶坯再长大成为晶核，故晶核的产生经历了如下步骤：

运动单元→结合体→晶坯→晶核

根据饱和溶液中有无外来微粒的诱导，初级成核又分为初级均相成核和初级非均相成核。

1)初级均相成核。初级均相成核是指溶液在没有外来微粒诱导时自发产生晶核的现象。初级均相成核产生的是大量微小晶体，这是工业生产中不希望出现的情况，因粒度细小不均，产品质量难以控制，也会给结晶后续操作诸如过滤、离心分离等带来困难。故在工业结晶中极少采用初级均相成核。

2)初级非均相成核。初级非均相成核是指由于大气中的灰尘、发酵液中的菌体、溶液中其他不溶性固体微粒的诱导而生成晶核的现象。

在实际生产中，一般不以初级成核作为晶核的来源，因初级成核难以通过控制溶液的过饱和度来使晶核的产生速率恰好适应结晶过程的需要。

(2)二次成核。若向过饱和溶液中加入晶种，就会产生新的晶核，这种成核现象称为二次成核。工业结晶操作一般在晶种的存在下进行，因此，工业结晶的成核现象通常为二次成核。二次成核的机理，一般认为有剪应力成核和接触成核两种。

1)剪应力成核。剪应力成核是指当过饱和溶液以较大的流速流过正在生长中的晶体表面时，在流体边界层存在的剪应力能将一些附着于晶体之上的粒子扫落，从而成为新的晶核。

2)接触成核。接触成核是指晶体与其他固体物接触时所产生的晶体表面的碎粒。在工业结晶器中，一般接触成核的概率往往大于剪应力成核。例如，用水与冰晶在连续混合搅拌结晶器中的试验表明，晶体与搅拌桨的接触成核速率在总成核速率中约占40%，晶体与器壁或挡板的约占15%，晶体与晶体的约占20%，剩下的25%可归因于流体剪切力等作用。

工业结晶中有以下几种不同的起晶方法。

1)自然起晶法。这是最古老的一种起晶方法,是在一定的温度下使溶液蒸发浓缩至不稳区形成晶核,当生成晶核的数量符合要求时,再加稀溶液使溶液浓度降至介稳区,使之不生成新的晶核,溶质即在已有的晶核表面长大。这种方法属于初级成核,要求的过饱和度高,浓缩时间长,溶液色泽深,不易控制,产生的晶体数量和质量都难以保证,现很少采用。

2)刺激起晶法。将溶液先浓缩到介稳区后加入极少量晶核刺激或冷却至不稳区,即产生一定量的新晶核,由于晶核析出使溶液溶解度降低,然后再将溶液浓度控制在介稳区的养晶区内使晶体长大。

刺激起晶法比自然起晶法有了进一步的提高,起晶时间大大缩短,若过饱和度控制准确,可以达到一次析出晶体,但操作需要凭一定的经验才能控制得好。

3)晶种起晶法。先使溶液进入到介稳区的较低浓度,投入一定量和一定大小的晶种,使溶液中的过饱和溶质在所加的晶种表面上长大。晶种起晶法是普遍采用的方法,如掌握得当可获得均匀整齐的晶体。加入的晶种不一定是同一种物质,溶质的同系物、衍生物、同分异构体也可作为晶种加入,如乙基苯胺可用于甲基苯胺的起晶。对纯度要求较高的产品,必须使用同种物质起晶。晶种直径通常小于 0.1 mm,可用湿式球磨机置于惰性介质(如汽油、乙醇)中制得。

3. 晶体的生长

在过饱和溶液中已有晶核形成或加入晶种后,以过饱和度为推动力,晶核或晶种将长大,这种现象称为晶体生长。晶体生长速度也是影响晶体产品粒度大小的一个重要因素。因为晶核形成后立即开始生长成晶体,同时新的晶核还在继续形成。若晶核形成速度大大超过晶体生长速度,则过饱和度主要用来生成新的晶核,因而会得到细小的晶体,甚至无定形;反之,若晶体生长速度超过晶核形成速度,则得到粗大而均匀的晶体。在实际生产中,一般希望得到粗大而均匀的晶体,因为这样的晶体便于以后的过滤、洗涤、干燥等操作,且产品质量也较高。

影响晶体生长速度的因素主要有杂质、过饱和度、温度、搅拌速度等。

(1)杂质。通过改变晶体与溶液之间的界面上液层的特性而影响溶质长入晶面,或通过杂质本身在晶面上的吸附,发生阻挡作用;若杂质和晶体的晶格有相似之处,则杂质能长入晶体内而产生影响。

(2)过饱和度。过饱和度是结晶过程的推动力,适当地增大过饱和度,可提高结晶速度,但过大,就会带来负面影响。如果大到使成核速度过快,最终得到的晶体细小;如果使晶体生长速度过快,容易在晶体表面产生液泡，也易形成针状、片状结晶，影响结晶质量。因此，在晶体的生长阶段，最好将溶液的过饱和度控制在养晶区内，使新晶核形成受抑制，而专注于已形成晶核的长大，即保证晶体的生长速度大于成核速度。

(3)温度。经验表明，温度对晶体生长速度的影响要比成核速度显著，故适当升高温度，有利于提高晶体生长速度，但也不宜过高，否则会使溶解度增大，结晶速度反而会下降；但对生物大分子物质的结晶，应在低温条件下进行，以保证生物物质的活性。但温度过低，也会带来溶液黏度大、结晶速度变慢的问题。

需要注意的是，不仅温度的高低会影响结晶，温度的变化速率也会对结晶过程带来影响，尤其是对冷却法结晶，要控制好降温速率。若降温速率过快，溶液很快达到过饱和，得到的结晶产品细小；若降温速率缓慢，则结晶产品粒度大。

(4)搅拌速度。适当的搅拌可提高成核速度，同时也利于溶质扩散而提高晶体生长速度；但搅拌速度过快会增加晶体的剪切破碎使成核速度过大，经验表明，搅拌越快，晶体越细。工业生产中，一般应根据物料的特性，通过大量实验，确定适宜的搅拌速度，获得最佳的晶体粒度。

8.2.3　结晶的操作

结晶操作结合产品生产规模的要求、产品质量和粒度的要求，一般分为分批结晶操作和连续结晶操作。

1. 分批结晶

分批结晶操作是分周期进行的，即把待结晶的料液批量投入合适的结晶设备，结晶过程完成后全部放出，然后再投入新的料液，开始新一轮的结晶操作。

分批结晶的操作方式如图 8-8 所示。

2. 连续结晶

当结晶的生产规模达到一定水平后，为了降低成本，缩短生产周期，通常采用连续结晶。在连续结晶过程中，料液不断地被送入结晶器内，通过适当的方法形成过饱和溶液，然后在结晶器内同时发生晶核的生成和晶体的生长过程，在这个过程中，为了得到符合质量要求的产品粒度及粒度分布，稳定操作，提高收率，往往还要同时进行结晶消除、清母液溢流、分级排料等几个重要的操作，以便得到符合质量要求的晶粒。

分批结晶的操作方式	
	不加晶种，迅速冷却。溶液很快达到饱和状态，大量微小的晶核骤然产生，溶液的过饱和度迅速降低，过量的晶粒数和细小的晶粒使产品质量和结晶收率都差，属于无控制结晶
	不加晶种，缓慢冷却。溶液慢慢达到饱和状态，产生较多晶核。过饱和度因成核而有所消耗。但由于晶体生长，过饱和度也迅速降低。这种方法对结晶过程的控制作用也有限
	加晶种，迅速冷却。溶液一旦到达饱和，晶种开始长大。由于溶质结晶出来，溶液浓度有所下降，但因冷却速度很快，溶液仍很快到达饱和状态，最后不可避免地会有细小晶体产生
	加晶种而缓慢冷却。溶液中有晶种存在，且降温速率得到控制，晶体生长速率完全由冷却速度控制，所以这种操作方法能够产生预定粒度的、合乎质量要求的匀整晶体

图 8-8　分批结晶的操作方式

3. 晶体质量的影响因素

结晶产品的质量主要体现在晶体的大小、形状和纯度上。工业上通常希望得到粗大均匀的高纯度晶体。在结晶过程中，影响产品质量的因素很多，现就主要的方面进行分析。

(1)晶体大小。工业上通常希望得到粗大而均匀的晶体。粗大而均匀的晶体较细小不规则晶体便于过滤与洗涤，在储存过程中不宜结块。但对一些抗生素，药用时有些特殊要求。生产上可通过控制溶液的过饱和度、温度、搅拌速度和晶种来控制晶体的大小。

(2)晶体形状。晶体的外部形态也是体现晶体质量好坏的一个方面。通常来说，结晶呈颗粒状质量比较好；如果呈片状、针状，因其比表面积大，易包含杂质和母液，质量差。同种物质的晶体，采用不同的结晶方法，得到的晶体形状可以完全不同。晶体外形的变化往往是因为晶体在生长的过程中，某一个方向生长受阻或在另一个方向生长加速所致。结晶过程中，晶体的生长速度、过饱和度、结晶温度、pH、选择不同的溶剂都可以改变晶体的外形，如普鲁卡因青霉素在水溶液中结晶为方形晶体，而从醋酸丁酯中结晶则呈长棒形晶体；又如，NaCl 从纯水中结晶为立方体，如果水中含有少量尿素，则为八面体晶形；另外，杂质的存在也会影响晶体的外形，杂质可以附着在晶体表面上，使其生长速度受阻。此外，结晶过程中，晶体生长速度过快，结晶易呈针状、片状。故应控制好相关条件，保证晶体朝着目标晶形生长。

(3)晶体纯度。结晶过程中，母液及其杂质黏附于晶体表面或内部是影响产品纯度的主要因素。

1)晶体洗涤。晶体表面具有一定的物理吸附能力，因此表面上有很多母液和杂质黏附在晶体上。晶体越细小，比表面积越大，吸附杂质越多。一般把晶体和溶剂一起放在离心机或过滤机中，搅拌后再离心或抽滤，这样洗涤效果好。边洗涤边过滤的效果较差，因为易形成沟流使有些晶体不能洗到。对非水溶性晶体，常可用水洗涤，如红霉素、麦迪霉素、制霉菌素等。灰黄霉素也是非水溶性抗生素，如果用丁醇洗涤后，其晶体由黄变白，原因是丁醇将吸附在表面上的色素溶解所致。

2)重结晶。当结晶速度过大时，常发生若干颗晶体聚结成为“晶簇”现象，此时易将母液等杂质包藏在内；或因晶体对溶剂亲和力大，晶体中常包含溶剂。为防止晶簇产生，在结晶过程中可以进行适度的搅拌。为除去晶格中的有机溶剂只能采用重结晶的方法。

重结晶是利用杂质和结晶物质在不同溶剂和不同温度下的溶解度不同，将晶体用合适的溶剂溶解再次结晶，从而使其纯度提高。重结晶的关键是选择合适的溶剂，选择溶剂的原则如图 8-9 所示。

选择溶剂的原则
- 溶质在某溶剂中的溶解度随温度升高而迅速增大，冷却时能析出大量结晶
- 容易溶于某一溶剂而难溶于另一溶剂，若两溶剂互溶，则需通过试验确定两者在混合溶剂中所占的比例

图 8-9　选择溶剂的原则

最简单的重结晶方法是把收获的晶体溶解于少量的热溶剂中，然后冷却使之再次结成晶体，分离母液后或经洗涤，就可获得更高纯度的新晶体。若要求产品的纯度很高，可重复结晶多次。

(4)晶体结块。晶体结块既影响产品质量又给使用带来不便。引起晶体结块的因素主要有晶体粒度、大气湿度、温度、压力及储存时间等。均匀整齐的晶体结块倾向较小，即使发生结块，因结块结构疏松，单位体积的接触点少，结块易碎。颗粒不均的晶粒结块倾向大，因大晶粒间的空隙易填充细小晶粒，单位体积中接触点增多，结块后不易弄碎。此外，空气湿度大，温度高，受压大，储存时间长都会使结块现象趋于严重。为避免结块，在结晶过程中应控制好晶体的粒度及粒度分布，并储存在干燥、低温、密闭的容器中。

8.3 干燥

8.3.1 干燥的原理

干燥是利用热能除去目标产物浓缩悬浮液或结晶(沉淀)产品中湿分(水分或有机溶剂)的单元操作,通常是生物产物成品前最后的加工过程。

干燥由两个基本过程构成,如图 8-10 所示。

干燥的构成
- 传热过程,即热由外部传给湿物料,使其温度升高
- 传质过程,即物料内部的水分向表面扩散并在表面汽化离开

图 8-10 干燥的构成

图 8-10 中的两个过程同时进行,方向相反。可见,干燥过程是一个传质和传热相结合的过程。

干燥的传质又由两个过程组成,如图 8-11 所示。

干燥的传质组成
- 湿物料内部的水分向固体表面的扩散过程
- 水分在表面汽化的过程

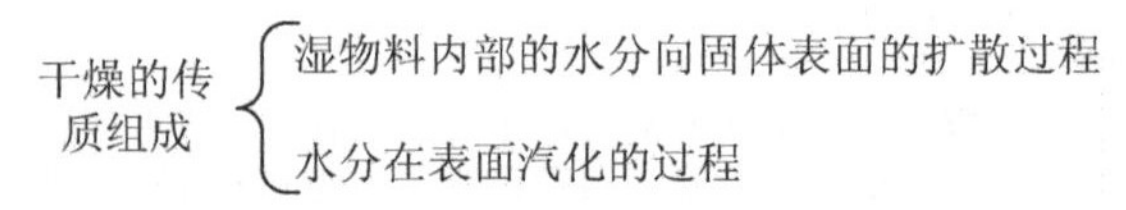

图 8-11 干燥的传质组成

图 8-11 中,当前者小于后者时,干燥的速率取决于水分向固体表面扩散的速率,称为内部扩散控制干燥过程;反之,干燥的速率取决于水分在表面汽化的速率,称为表面汽化控制干燥过程。

对于一个具体的干燥过程,若干燥条件恒定,在开始阶段,由于物料含湿量比较高,表面全部为游离水分,干燥过程为表面汽化控制,此时,干燥速率取决于表面汽化速率并保持不变,因此,这一阶段常称为恒速干燥阶段。

随着干燥的进行,物料的含湿量逐渐降低,当含湿量降低到某一点时,物料表面游离水分已经很少,剩下的主要是结合水分,干燥转入内部扩散控制阶段,水分除去越来越难,干燥速率越来越低,这一阶段称为降速干燥阶段。

8.3.2　生物产品常用的干燥方法

1. 气流干燥

气流干燥就是将粉末或颗粒物料悬浮在热气流中进行干燥的方法。由于热空气与湿物料直接接触，且接触面积大，强化了传热与传质过程。气流干燥的特点如图 8-12 所示。

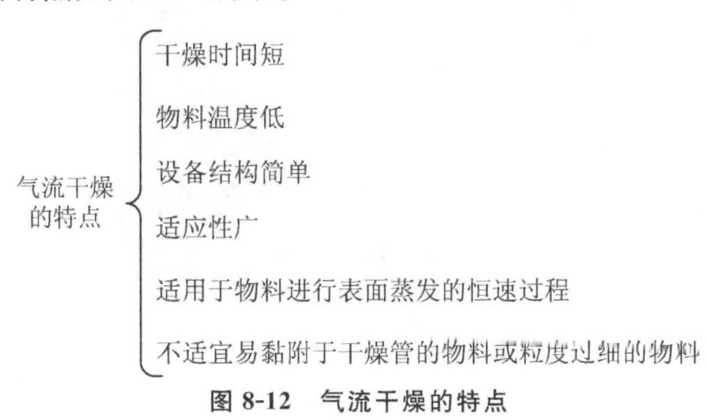

图 8-12　气流干燥的特点

气流干燥设备的类型很多，按气流管类型分类有：直管脉冲、倒锥形、套管式、环形气流干燥器，带粉碎机的气流干燥器，旋风气流干燥器，涡旋流气流干燥器等。如图 8-13 所示为二级气流干燥设备。该设备生产量可达 0.5～20 t/h(干料)，蒸发量 0.1～2 t/h。

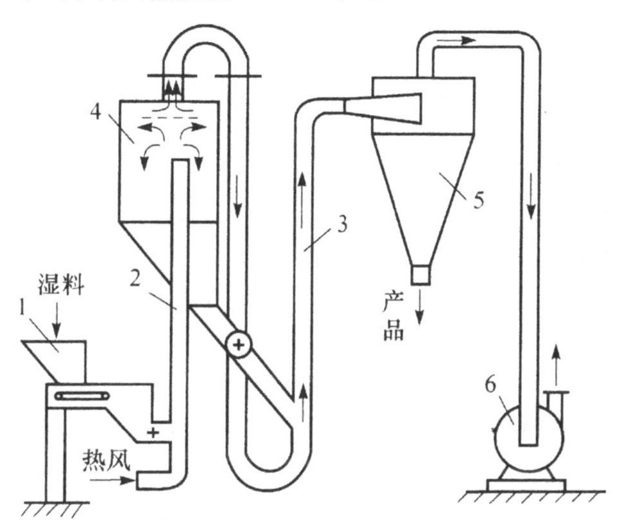

图 8-13　二级气流干燥设备

1—加料器；2—一级气流管；3—二级气流管；
4—粉体沉降室；5—旋风分离器；6—风机

2. 真空干燥

真空干燥又称为减压干燥，指在密闭的容器内抽真空并进行低温加热干燥的一种方法。真空干燥箱由金属箱体、冷凝器及真空泵组成，如图 8-14 所示。

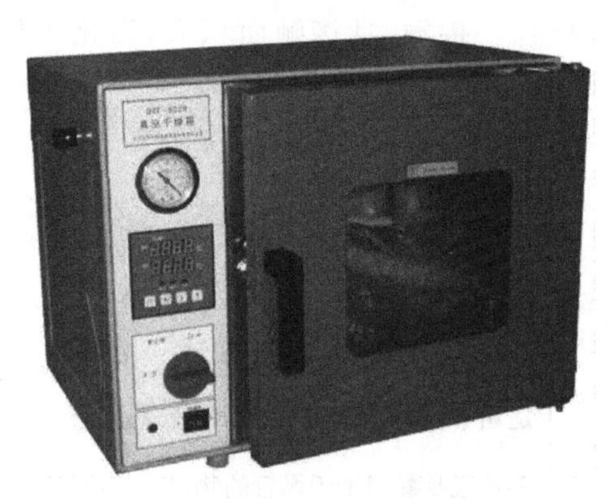

图 8-14　真空干燥箱

真空干燥的特点如图 8-15 所示。

真空干燥的特点：
- 干燥温度低，速度快
- 减少了物料与空气的接触，避免污染或氧化变质
- 产品疏松呈海绵状，易于粉碎

图 8-15　真空干燥的特点

3. 喷雾干燥

喷雾干燥是液体通过雾化器的作用，喷洒成极细的雾状液滴，并依靠干燥介质与雾滴均匀混合，进行热交换和质交换，使水分(或溶剂)汽化的过程。喷雾干燥能将溶液、乳浊液、悬浮液或膏糊状等物料加工成粉状、颗粒状的一种干燥方法。

如图 8-16 所示为一个典型的喷雾干燥系统。原料液由储料罐经过滤器，通过泵输送到喷雾干燥器顶部的雾化器雾化为雾滴。新鲜空气由鼓风机经过过滤器、空气加热器及空气分布器送入喷雾干燥器的顶部，与雾滴接触、混合，进行传热和传质完成干燥过程，干燥后的产品由塔底引出，夹带细粉尘的废气经旋风分离器分离后由引风机排入大气。

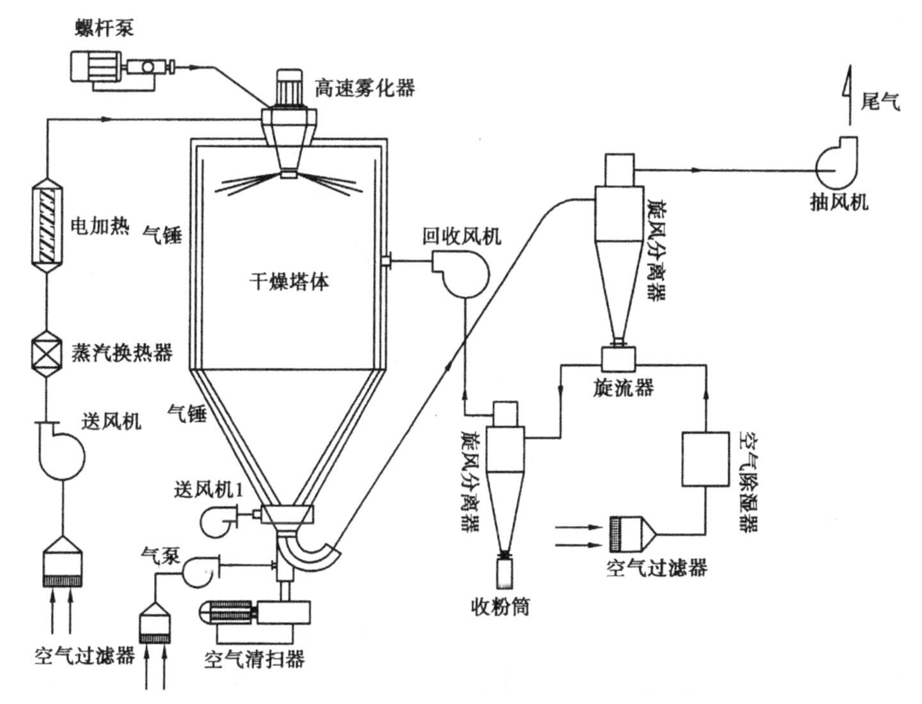

图 8-16　典型的喷雾干燥系统

喷雾干燥的具体过程可分为如下几个阶段。

(1)料液雾化为雾滴。待干燥料液通过雾化器喷出，迅速成为雾滴，面积加大。

(2)雾滴与空气接触(混合和流动)。雾滴在喷出过程中充分与设备内的空气接触、混合，同时由于自身重力和喷雾过程产生的强大推力，雾滴在干燥设备内不断流动。

(3)雾滴干燥(水分蒸发)。喷雾干燥过程中，雾滴会和周围的空气产生热交换和质交换，使水分蒸发，这是一个热量传递的过程。

(4)干燥产品与空气分离。经过热量交换的雾滴变成的干燥的粉末，落到接受器中，而汽化的水液会随着排风机排出干燥器。

4. 冷冻干燥

冷冻干燥是使含水物质温度降至冰点以下，使水分冻结成冰，然后在较高真空度下使冰直接升华而除去水分的干燥方法。故冷冻干燥又称为真空冷冻干燥、冷冻升华干燥等。

冷冻干燥过程如水的相平衡。所谓相，是指物系中物理、化学性质均匀的部分。不同的相之间存在相的界面，可以用机械方法将它们分开。物质的固、液、气三相态由一定的温度和压强条件所决定。物质的相态转变过程可用相图表示。如图 8-17 所示为水的三相图。

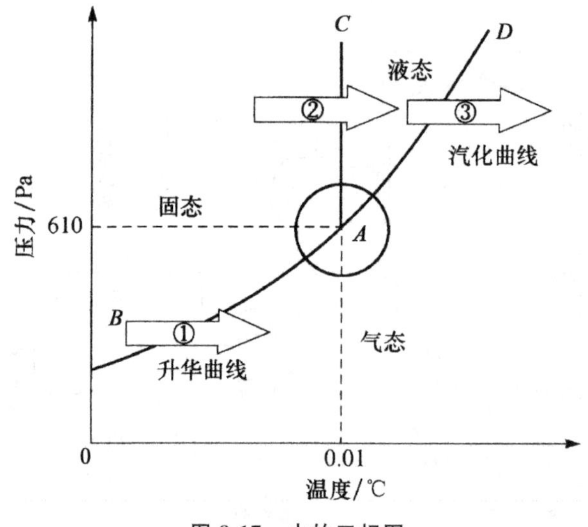

图 8-17　水的三相图

图 8-17 中，AB 为升华曲线，表示冰和水蒸气两相共存时其压力和温度之间的关系；AC 为熔解曲线，表示冰和水两相共存时其压力和温度之间的关系；AD 为汽化曲线，表示水和水蒸气两相共存时其压力和温度之间的关系。

图 8-17 中的三条曲线将图分为三个区：固相区、液相区和气相区。箭头 1、2、3 分别表示冰升华成水蒸气、冰融化成水、水汽化成水蒸气的过程。三曲线交于 A 点，为固、液、气三相共存时的状态点，称为三相点，其对应的温度、压力如图 8-17 所示。由图可知，压力高于相点压力时，固态只能转变成液态，不能直接转变成气态。只有在压力低于三相点压力，物料中的冰才可直接升华成气态。

由于冰的温度不同，对应的饱和蒸汽压不同，只有在环境压力低于对应的冰的蒸汽压时，才有可能发生从固相到气相的转变。另外，物质相态转变都需要吸收或放出相变潜热。升华相变的过程一般为吸热过程，这种相变热称为升华热。据此，要完成冷冻干燥过程需用真空泵维持真空，并提供升华所需的热量，就可使冰从冻结的物料中直接升华为蒸汽除去。

5. 微波干燥

微波是一种波长极短的电磁波，它和无线电波、红外线、可见光一样，都属于电磁波，微波的频率范围从 300 MHz 到 30 万 MHz，即波长从 1 mm

到 1 m 的范围，是介于无线电波和光波之间的超高频电磁波。

微波加热干燥的原理是利用微波在快速变化的高频电磁场中与物质分子相互作用，微波能被物料吸收后发生分子共振而产生热效应。即微波能转换为热能，使物料温度升高，水分蒸发，蒸发的水分由流动空气带走。

由于微波直接作用于物料内部，使物料里外同时加热，加快了物料中的水分由内向外的扩散和汽化。但不同的物质吸收微波的能力不同，其加热效果也各不相同。水是吸收微波很强烈的物质，所以一般含水物质都能用微波来进行加热，且快速均匀，可达到很好的干燥效果。

6. 远红外线干燥

远红外线干燥是利用远红外辐射器产生的电磁波被含水物料吸收后，变成热能，使湿物料中水分汽化的方法。

远红外线干燥的特点如图 8-18 所示。

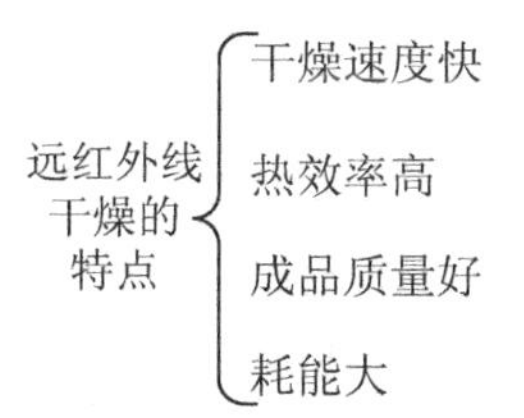

图 8-18　远红外线干燥的特点

远红外线干燥器一般由辐射器、加热装置、反射集光装置、温度控制附加装置等部分组成。其核心部分是辐射能发生器，有电热式和非电热源辐射器两种。其结构如图 8-19 所示。

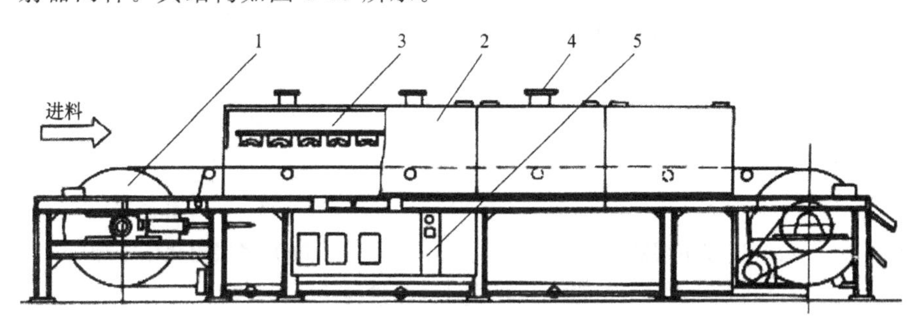

图 8-19　远红外线干燥器

1—输送带；2—干燥室；3—辐射器；4—排气口；5—控制器

7. 流化床干燥

流化床干燥又称为沸腾干燥，物料颗粒在干燥器内成流动状态，似“沸腾状”,热空气在湿物料间通过,在动态条件下进行热交换,水分被蒸发而达到干燥的目的。

流化床干燥的特点如图 8-20 所示。

流化床干燥的特点：
- 气流助力小，物料磨损轻，热利用率较高
- 蒸发面积比较大，干燥速度快，产品质量好
- 一般湿颗粒流化干燥的时间为20 min左右
- 干燥时不需要翻料并且能自动出料，节省劳力
- 能耗消耗大，设备清扫比较麻烦

图 8-20　流化床干燥的特点

流化床干燥器由干燥室、加热器、风机、过滤器、加料器、分布器、除尘器组成,其结构和工作原理如图 8-21 所示。

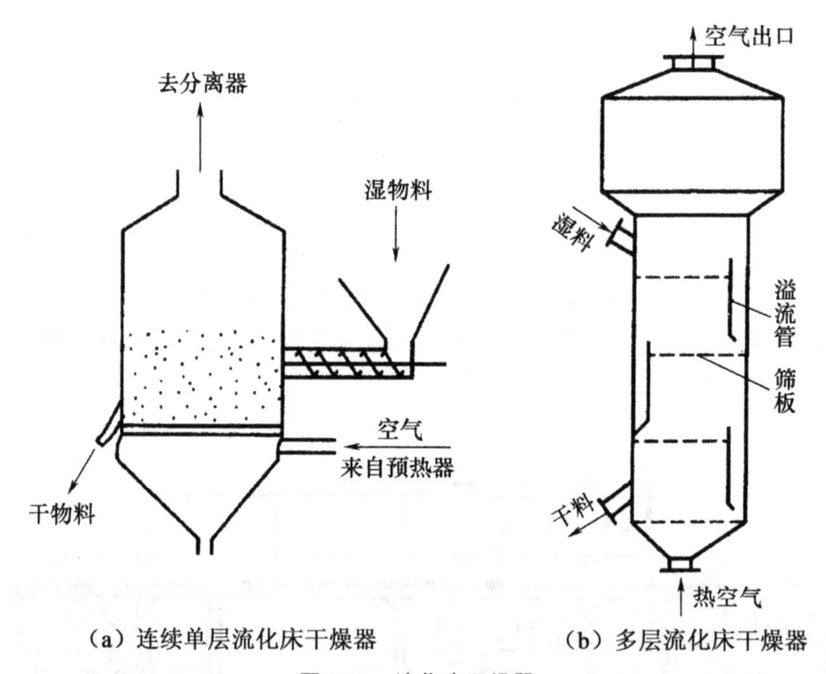

(a) 连续单层流化床干燥器　(b) 多层流化床干燥器

图 8-21　流化床干燥器

参考文献

[1]R. R. 伯吉斯,M. P. 多伊彻. 蛋白质纯化指南[M]. 陈薇,译. 北京:科学出版社,2011.

[2]安静,董占军,蒋晔. 复杂基质中药物现代分离纯化技术的应用进展[J]. 药物分析杂志,2014(8):1337-1342.

[3]陈芬,胡丽娟. 生物分离与纯化技术[M]. 2 版. 武汉:华中科技大学出版社,2017.

[4]崔立勋. 生物药物分离与纯化技术[M]. 北京:中国质检出版社,2015.

[5]杜翠红. 生化分离技术原理及应用[M]. 北京:化学工业出版社,2011.

[6]付晓玲. 生物分离与纯化技术[M]. 北京:科学出版社,2012.

[7]洪伟鸣. 生物分离与纯化技术[M]. 重庆:重庆大学出版社,2015.

[8]焦炳华. 现代生物工程[M]. 2 版. 北京:科学出版社,2018.

[9]柯德森. 生物工程下游技术实验手册[M]. 北京:科学出版社,2018.

[10]李方,孟蝶. 氧化石墨烯:膜科学的机遇与挑战[J]. 膜科学与技术,2015,35(6):106-112.

[11]李锦生,傅晓琴,李永,等. 功能性生物活性物质超滤分离纯化技术的研究现状与进展[J]. 中国食品学报,2010,10(2):174-179.

[12]梁世中. 生物工程设备[M]. 2 版. 北京:中国轻工业出版社,2018.

[13]孟仕平,丁玉,黄姗姗. L-亮氨酸的生理功能和分离纯化技术[J]. 食品工业科技,2011(4):441-444.

[14]欧阳平凯,胡永红,姚忠. 生物分离原理及技术[M]. 2 版. 北京:化学工业出版社,2010.

[15]齐香君. 现代生物制药工艺学[M]. 北京:化学工业出版社,2010.

[16]邱玉华. 生物分离与纯化技术[M]. 2 版. 北京:化学工业出版社,2017.

[17]孙彦. 生物分离工程[M]. 3 版. 北京:化学工业出版社,2013.

[18]田瑞华. 生物分离工程[M]. 北京:科学出版社,2018.

[19]田子卿,邓红. 沉淀分离技术及其在生化领域中的应用[J]. 农产品加工学刊,2010(3):32-33.

[20]汪文俊,王海英,熊海容,等. 基于产业发展需求的生物分离工程实验教学改革[J]. 轻工科技,2012(6):164-165,169.

[21]朱勇.植物乳杆菌乳酸脱氢酶发酵与提取方法研究[D].无锡:江南大学,2016.

[22]王凯,李婷,师瑞芳,等.链霉菌生物活性物质分离纯化技术研究进展[J].食品工业科技,2015,36(14):373-378.

[23]王玉亭.生物反应及制药单元操作技术[M].北京:中国轻工业出版社,2014.

[24]王元秀,蒋竹青,李萍,等.生物活性肽分离纯化技术研究进展[J].济南大学学报(自然科学版),2014,28(5):321-325.

[25]吴秉衡.21世纪新型溶剂萃取技术及应用研究[J].机械管理开发,2010,25(4):36-39.

[26]辛秀兰.生物分离与纯化技术[M].3版.北京:科学出版社,2016.

[27]徐怀德.天然产物提取工艺学[M].北京:中国轻工业出版社,2011.

[28]严希康.生物物质分离工程[M].2版.北京:化学工业出版社,2010.

[29]杨方威,冯叙桥,曹雪慧,等.膜分离技术在食品工业中的应用及研究进展[J].食品科学,2014,35(11):330.

[30]杨义芳,孔德云.中药提取分离新技术[M].北京:化学工业出版社,2010.

[31]应国清.药物分离工程[M].杭州:浙江大学出版社,2011.

[32]于文国,程桂花.制药单元操作技术[M].北京:化学工业出版社,2010.

[33]张爱华,王云庆.生化分离技术[M].北京:化学工业出版社,2012.

[34]张畅斌.膜分离技术文献计量学研究[J].江苏科技信息,2014(19):16-20.